JUSTUS VON LIEBIG.
FRIEDRICH WÖHLER.

ZWEI GEDÄCHTNISSREDEN

VON

AUG. WILH. VON HOFMANN.

MIT DEM BRUCHSTÜCK EINER AUTOBIOGRAPHIE LIEBIG'S ALS ANHANG,
MIT DEN PORTRÄTS VON LIEBIG UND WÖHLER, SOWIE DEN ABBILDUNGEN
DER DENKMÄLER IN MÜNCHEN, GIESSEN UND GÖTTINGEN.

LEIPZIG,
VERLAG VON VEIT & COMP.
1891.

JUSTUS LIEBIG.

Geb. 13. Mai 1803. Gest. 18. April 1873.

JUSTUS VON LIEBIG.
FRIEDRICH WÖHLER.

ZWEI GEDÄCHTNISSREDEN

VON

AUG. WILH. VON HOFMANN.

MIT DEM BRUCHSTÜCK EINER AUTOBIOGRAPHIE LIEBIG'S ALS ANHANG,
MIT DEN PORTRÄTS VON LIEBIG UND WÖHLER, SOWIE DEN ABBILDUNGEN
DER DENKMÄLER IN MÜNCHEN, GIESSEN UND GÖTTINGEN.

LEIPZIG,
VERLAG VON VEIT & COMP.
1891.

Druck von Metzger & Wittig in Leipzig.

Vorwort.

Das für die Errichtung eines LIEBIG-*Denkmals in München gebildete Comité der Deutschen chemischen Gesellschaft hatte, nachdem diese Aufgabe im Jahre 1883 durch Enthüllung des von* MICHAEL WAGMÜLLER *geschaffenen Kunstwerkes in glücklicher Weise gelöst worden war, beschlossen, nunmehr auch in Giessen, an der ersten Stätte von* LIEBIG'S *Thätigkeit, ein Standbild des grossen Forschers aufzustellen. Dasselbe, aus* FRIEDRICH SCHAPER'S *Meisterhand hervorgegangen, ist am 28. Juli 1890 enthüllt worden.*

In gleicher Weise hatte der Vorstand der Deutschen chemischen Gesellschaft den Beschluss gefasst, auch das Andenken FRIEDRICH WÖHLER'S, *des Freundes und Arbeitsgenossen* LIEBIG'S, *durch Errichtung eines Denkmals zu ehren. Nur wenige Tage nach der* LIEBIG-*Feier in Giessen ist auch das* WÖHLER-*Denkmal, ein schönes Werk des Bildhauers* FERDINAND HARTZER, *in Göttingen enthüllt worden.*

Auf Wunsch des Hrn. Verlegers sind die bei der Enthüllung der beiden Denkmäler gehaltenen Gedächtnissreden in dem vorliegenden Schriftchen vereinigt worden. Hatte ja doch LIEBIG *ahnungsvoll bereits der Hoffnung Ausdruck gegeben, dass sein Name in Gemeinschaft mit dem seines Freundes in der Erinnerung der Menschen fortleben werde.*[1]

Den beiden Reden sind einige Aufzeichnungen LIEBIG'S *beigefügt, welche gelegentlich der Enthüllung des Denkmals in Giessen bekannt geworden sind.*

---

[1] *Vgl. S. 60.*

Mit den Vorarbeiten für die Festrede beschäftigt, hatte ich mich an LIEBIG'S *ältesten Sohn, Herrn Hofrath Dr.* GEORG VON LIEBIG, *mit der Anfrage gewendet, ob er mir nicht noch einige für den gedachten Zweck verwendbare Züge aus dem Leben seines Vaters mittheilen könne. Bei einer erneuten Durchsicht der von Letzterem hinterlassenen Papiere fand Hr.* VON LIEBIG *in der That einige von seinem Vater selbst geschriebene Blätter, welche für eine Autobiographie bestimmt gewesen zu sein scheinen. Hr.* VON LIEBIG *hat diese Blätter dem Vorstand der Deutschen chemischen Gesellschaft mit der dankenswerthen Ermächtigung übergeben, den Inhalt derselben zu veröffentlichen. Da die Verehrer* LIEBIG'S *diese allerdings fragmentarischen Aufzeichnungen mit lebhafter Theilnahme lesen werden, so habe ich von dem Vorstande der chemischen Gesellschaft die Erlaubniss erbeten und erhalten, sie anhangsweise diesem Schriftchen beizufügen.*

Die trefflichen Zeichnungen des Münchener und des Giessener LIEBIG-*Denkmals, ebenso die des* WÖHLER-*Standbildes in Göttingen, welche das Büchlein zieren, sind aus* JULIUS EHRENTRAUT'S *Meisterhand hervorgegangen. In gleicher Weise die Porträts von* LIEBIG *und* WÖHLER*; sie sind ursprünglich für den Briefwechsel der beiden Gelehrten gezeichnet worden. Dem Hause* VIEWEG, *in dessen Verlag dieser Briefwechsel*[1] *erschienen ist, bin ich für die freundliche Bereitwilligkeit, mit welcher diese Porträts zur Ausschmückung des Schriftchens zur Verfügung gestellt worden sind, zu aufrichtigem Danke verpflichtet.*

A. W. v. H.

[1] *„Aus* JUSTUS LIEBIG'S *und* FRIEDRICH WÖHLER'S *Briefwechsel in den Jahren* 1829—1873.*“ Braunschweig* 1888. *Friedr. Vieweg & Sohn.*

JUSTUS VON LIEBIG.

REDE,

GEHALTEN BEI ENTHÜLLUNG DES LIEBIG-DENKMALES
IN GIESSEN AM 28. JULI 1890.

Die Hülle hat sich gesenkt; Aller Augen haften an dem herrlichen Kunstwerk, welches uns der heutige Tag bescheert. In dem leuchtenden Marmor erblicken Einige von uns die theueren Züge des geliebten Vaters, Andere das Bild des selbstlosen Freundes, des begeisternden Lehrers, — wir Alle, die wir hier versammelt sind, ein Denkmal, würdig des grossen Forschers, welcher den Namen dieser lieben Stadt bis an die entferntesten Grenzen der bewohnten Erde getragen hat.

Schon sind nahezu vier Jahrzehende entschwunden, seit die Wirksamkeit Liebig's an hiesiger Universität durch seine Uebersiedelung nach München zum Abschlusse gelangte. Es liegt daher in der Natur der Dinge, dass es nur Wenigen der hier Vereinten vergönnt gewesen ist, den edlen Mann von Angesicht zu Angesicht zu schauen; immerhin erblicken wir zu unserer Freude im Kreise der an der heutigen Feier Theilnehmenden neben verehrten Gliedern der Familie Liebig Lehrer der hiesigen Hochschule, welche noch gleichzeitig mit ihm des Lehramtes walteten, hochangesehene Bürger dieser Stadt, welche ihm nahe standen, zahlreiche Schüler, welche sich rühmen dürfen, dem edlen Meister zu Füssen gesessen zu haben; sie Alle bezeugen jubelnd, wie glücklich — wie über die kühnsten Erwartungen hinaus glücklich — die Meisterhand unseres Schaper es verstanden hat, dem Marmor Leben einzuhauchen und das naturgetreue Bild des Herrlichen aus demselben zu erwecken. Ja, wie er hier vor uns steht, so erschien er Denen, welche sich in der Werkstätte der chemischen Forschung um ihn schaarten, welche im Hörsaale an seinen Lippen hingen, welche ihm auf dem Markte des Lebens begegneten. Dies ist die hochgewölbte Stirn, in welche unablässige Gedankenarbeit eben die ersten Furchen eingezogen hat; dies der kühne Blick, welcher die Natur der Dinge zu ergründen strebte; dies der feingeschnittene Mund, die Ergebnisse der Forschung in beredten Worten verkündend; dies endlich die vornehme Haltung des Mannes, welche die Freunde bezauberte und die Unberufenen fern hielt.

Liebig ist während der schönsten und wichtigsten Zeit seines Lebens Bewohner dieser Stadt gewesen. Mit 21 Jahren Professor an der Universität Giessen, hat er sich nahezu drei Jahrzehende lang unablässig deren Dienste gewidmet. Die Aufgabe, welche sich der Schöpfer dieses Standbildes gestellt hatte, war, den Liebig jener Periode, den Lehrer, den Forscher in der Vollkraft der Jahre zur Anschauung zu bringen, und diese Aufgabe hat er — es wird mit seltener Einstimmigkeit anerkannt — in bewundernswerther Weise gelöst.

Mit nicht geringem Interesse erfahren wir, dass Liebig der hiesigen Hochschule als Professor bereits in einem Alter angehört hat, in welchem Viele erst die Universität als Studirende beziehen, und es erscheint am heutigen Tage und an dieser Stelle wohl angezeigt, dass wir nach den Lebensbedingungen des Knaben und Jünglings fragen, aus denen sich eine solche Frühreife entfalten konnte.

Justus Liebig ward am 13. Mai 1803 in Darmstadt geboren. Sein Vater Georg Liebig besass eine wenig umfangreiche Materialienhandlung und pflegte manche der von ihm verkauften Farbstoffe, Firnisse und Lacke selber zu bereiten. In dem kleinen Laboratorium, welches diesen Zwecken diente, hat der Knabe seine ersten chemischen Träume geträumt. Er kannte kein grösseres Vergnügen, als seinem Vater bei der Arbeit zuzusehen und ihm gelegentlich zu helfen. Auch erlahmte dieses Interesse nicht, als sich einige der unliebsamen Zwischenfälle ereigneten, welche nicht ausbleiben, wenn Knaben der Zutritt in chemische Laboratorien gestattet wird. Unser junger Freund lernte frühzeitig, dass man kochende Flüssigkeiten nicht mit porösen Substanzen in Berührung bringen darf. Er wollte eine Flasche verkorken, in der sich eine siedend heisse Alkohollösung von Schellack befand; ein Stückchen Kork fiel in die Flüssigkeit, welche heftig aufwallend sich über den kleinen Experimentator ergoss. Glücklicherweise kam er mit einigen allerdings nicht ganz unerheblichen Brandwunden davon. Allein noch war der Verband nicht abgenommen, als der Knabe schon wieder im Laboratorium erschien. Dass diese chemischen Liebhabereien ohne Einfluss auf die Schularbeiten geblieben wären, kann nicht behauptet werden. Die Familienchronik berichtet, dass er eine bedenkliche Vorliebe für den letzten Platz auf der letzten Bank gezeigt habe. Liebig pflegte indessen zu erzählen, dass ihm dieser Platz von einem seiner Mitschüler, Wilhelm Reuling genannt, mit Hartnäckigkeit streitig gemacht worden sei. Diesem edlen Wettstreite lag offenbar derselbe Widerwille der beiden Concurrenten gegen die lateinische Grammatik zu Grunde, obwohl Begabung und Neigung Beider nicht ungleichartiger gedacht werden konnten. Auch schlugen Beide später ganz verschiedene Richtungen ein, und es interessirt uns zu erfahren, dass, als diese Untensitzer — nach Jahren — sich wieder begegneten, der Eine mittlerweile ein hervorragender Lehrer an der hiesigen Hochschule geworden war, um den sich wissensdurstige Schüler aus allen Weltgegenden schaarten, während der Andere an der Spitze der Wiener Oper stand und sich als Componist einen grossen Namen erworben hatte. Man erkennt, der Genius bedarf des Gymnasiums nicht; er wandelt seine eigenen Wege!

Seltsam! — Dieser Weg scheint dem Jünglinge, dessen Lebensgang wir hier verfolgen, von der Wissenschaft selber, der er sein Leben widmen sollte, vorgezeichnet gewesen zu sein.

Der jugendliche Kopf ist mit chemischen Gedanken ganz und gar erfüllt; statt die Metamorphosen des Ovid vorzubereiten, werden, soweit die Darmstädter Bibliothek seinen Wissensdurst befriedigen kann, die Metamorphosen der chemischen Verbindungen studirt; aber mehr noch: chemische Präparate, und gelegentlich nicht ganz ungefährliche, finden ihren Weg in die Schulmappe des Gymnasiasten. Eine knatternde Flamme, die in unglücklicher Stunde aus dieser Mappe emporschlägt und die ganze Klasse, Lehrer wie Schüler, in Schrecken versetzt, bringt die Gymnasiallaufbahn des eifrigen Experimentators zu einem plötzlichen, vielleicht nicht ganz freiwilligen Abschlusse. Dieser Zwischenfall ist begreiflich auch der Familie wenig erfreulich, und der Vater glaubt, das Rechte gefunden zu haben, indem er den Sohn bei einem Apotheker in dem Städtchen Heppenheim in die Lehre giebt. Dort kann der Unverbesserliche ja nach Herzenslust experimentiren. Das hat er denn auch redlich gethan; aber Gegenstand der Versuche, Zeit und Ort ihrer Ausführung waren nicht immer nach dem Geschmack seines Lehrherrn. Die kleine Bodenkammer, in welcher der junge Mann schläft, und die Stunden vor Mitternacht sind — man muss es zugestehen — für chemische Experimente nicht besonders glücklich gewählt. Dies zeigt sich denn auch nur zu bald. Eine heftige Detonation weckt die Schläfer in dem Hause; man eilt die Treppe hinauf, in der qualmenden Stube liegt Alles durcheinander, das Fenster ist auf das Dach geschleudert. Der Lehrling ist glücklicherweise verschont, allein seine pharmaceutischen Aussichten, zumal in Heppenheim, sind durch diese Katastrophe nicht gefördert.

In der That finden wir denn unseren Freund auch schon bald in ganz veränderten Verhältnissen wieder; der langgehegte Wunsch, den er kaum auszusprechen gewagt hat, ist in Erfüllung gegangen. Der Vater hat eingewilligt, ihn auf die Universität zu senden, um dort Physik und Chemie zu studiren. Schon ist er akademischer Bürger der rheinischen Musenstadt geworden, welche vor kaum Jahresfrist der wissbegierigen Jugend ihre Pforten geöffnet hat. Ueberdies ist es dem Glücklichen bereits gelungen, die Aufmerksamkeit des Professors Karl Wilhelm Kastner, der damals in Bonn Chemie und Physik vortrug, auf sich zu lenken und mit demselben in ein näheres persönliches Verhältniss einzutreten. Er zögert daher auch nicht, als Kastner schon nach Verlauf von zwei Semestern einen Ruf nach der Universität Erlangen annimmt, seinem Lehrer nach Franken zu folgen. Der Aufenthalt in Erlangen ist für die Entwickelung Liebig's in mehr als einer Hinsicht bedeutungsvoll gewesen. Dass er auf den wissenschaftlichen Wegen, welche sich ihm dort, weit über das Gebiet der Physik und Chemie hinaus, erschliessen, mit nie erlahmender Begeisterung weiterstrebt, braucht nicht gesagt zu werden; allein er gewinnt überdies nach den verschiedensten Richtungen hin Einblick in den Verkehr mit den Menschen. Wie emsig er seinen Studien obliegt, er findet gleichwohl noch Zeit, mit voller Lust an dem studentischen Leben theilzunehmen, indem er in die Landsmannschaft der Rhenanen eintritt. Auch stammen aus dieser Zeit Beziehungen, welche für's Leben geknüpft wurden, so der schwärmerische Freundschaftsbund mit dem Grafen Platen-Hallermünde, der uns von Moriz Carriere so reizend geschildert worden ist. Aus dem Tagebuche des Dichters erfahren wir, welchen tiefen Eindruck die berückende Persönlichkeit des Jünglings gleich bei der ersten Begegnung auf den älteren, schon gereiften Mann gemacht hat. Leider ist der Abschluss der Erlanger Studienzeit weniger erfreulich. Zwistigkeiten zwischen den Bürgern der Stadt und den Studenten haben zu einem Auszug der Letzteren nach Nürnberg Veranlassung gegeben, an dem sich auch Liebig betheiligt. Da sich die Missverständnisse nicht alsbald ausgleichen lassen, wird Erlangen militärisch besetzt. Es ist die traurige Zeit der Demagogenwitterung, und sofort beginnen ernste Untersuchungen. Der Studiosus Justus Liebig hat nie auch nur entfernt daran gedacht, mit Politik sich zu befassen; er hält es gleichwohl für gerathen, ohne Aufsehen aus Erlangen zu verschwinden, aber so gross ist die Sorge des Untersuchungsrichters, den Verdächtigen aus dem Auge zu verlieren, dass dem nach Darmstadt Zurückgekehrten sofort auf Requisition der baierischen Regierung Stadtarrest angekündigt wird, der glücklicherweise nicht lange dauert. Zur Untersuchung ist es nicht gekommen.

Im Anfang der zwanziger Jahre, zur Zeit, als Liebig's akademische Studien in Erlangen zu einem so unerwarteten Abschlusse gelangten, war für den chemischen Unterricht auf deutschen Universitäten nur erst wenig geschehen. Die Chemie wurde meist anhangsweise in den Vorlesungen über Physik gelehrt. Eigentliche chemische Laboratorien gab es nur auf den wenigsten Hochschulen; sie waren aber fast ausschliesslich für die Vorbereitung der Vorlesungen bestimmt. Wer sich in der Kunst des Experimentirens ausbilden wollte, war auf das Ausland angewiesen. Vor allem war es die französische Hauptstadt, welche für solche Ausbildung Gelegenheit bot. Frankreich konnte damals als das Vaterland der Chemie gelten, in keinem Lande war die chemische Wissenschaft so tief in den allgemeinen Unterricht eingedrungen; in keiner Stadt war eine ähnliche Anzahl von hervorragenden Vertretern dieser Wissenschaft vereinigt wie in Paris. Es brauchen nur Männer wie Gay-Lussac, Thenard, Biot, Dulong und Chevreul genannt zu werden, um die Anziehung verständlich zu machen, welche die französische Schule auf die Jünger der Chemie in allen Landen übte. Kein Wunder, dass die sehnsüchtigen Blicke auch unseres Helden nach den Ufern der Seine gerichtet waren. Allein wer sollte den Aufwand einer so kostspieligen Studienzeit bestreiten? Der Vater konnte es mit dem besten Willen nicht; seine Mittel waren durch den Aufenthalt des Sohnes in Bonn und Erlangen nahezu erschöpft, überdies hatte er für die Erziehung noch sieben jüngerer Gechwister zu sorgen. Angesichts dieser Schwierigkeit gab es nur einen Weg: nämlich die Hülfe des Landesfürsten zu erbitten. Es ist bekannt, mit welchem Erfolge der 19jährige Jüngling diesen Weg betreten hat. Diese Bitte und deren huldreiche Gewährung durch den glorreichen Ahnherrn des Fürsten, unter dessen Auspicien wir heute versammelt sind, bilden den Ausgangspunkt für die ruhmreiche Laufbahn, welche bis zu den Stufen dieses Denkmals emporgeführt hat. Mit lebhafter Theilnahme versetzen wir uns in die sorgenvollen Tage zurück, in denen die nächste Zukunft dunkel vor den Blicken des jungen Mannes lag; wir fragen nach den Verhältnissen, unter denen er kühn und glücklich in die neue Laufbahn einlenkte, nach den Schwierigkeiten, welche sich ihm entgegenstellten, nach den Freunden und Gönnern, welche ihm halfen, sie zu überwinden. Aber weit mehr als ein halbes Jahrhundert ist seit jener Zeit enteilt, und es dürfte unter den Lebenden kaum mehr Einer sein, dessen Zeugniss wir anrufen könnten. Unter diesen Umständen sind wir Hrn. FINGER, dem hochgebietenden Ministerpräsidenten dieses Landes, dessen Anwesenheit an der Seite seines erlauchten Fürsten unser heutiges Fest verherrlicht, zu besonderem Danke dafür verpflichtet, dass sich auf seinen Wink die hessischen Staatsarchive geöffnet haben und eine reiche Sammlung von Urkunden, zahlreiche Briefe von LIEBIG, aber auch von anderen berühmten Gelehrten, von ALEXANDER von HUMBOLDT, OERSTED, CUVIER an's Licht getreten sind, welche erwünschten Einblick in jene Zeit gestatten.

Das Gesuch, welches der junge LIEBIG an Se. Kgl. Hoheit den Grossherzog LUDWIG I. richtete, datirt vom 10. April des Jahres 1822 und stützt sich auf ein ausführliches Begleitschreiben des Professors Kastner in Erlangen an dieselbe Adresse. Bemerkenswerth ist die Klarheit, mit welcher der Bittsteller bescheidentlich und in knappster Form sein Gesuch motivirt, sowie der Ton zuversichtlicher Ueberzeugung, welchen Kastner in seinem Empfehlungsschreiben an den Grossherzog anschlägt.

Es ist bekannt, wie lebhaft dieser hochherzige Fürst sich für Kunst und Wissenschaft interessirte und wie eifrig er zumal bestrebt war, in seinen Landen die Gewerbthätigkeit zu heben. Dem jungen Bittsteller kam es gleichwohl in hohem Grade zu statten, dass er schon vorher einen einflussreichen Fürsprecher gefunden hatte. Es war dies der Cabinetsecretär des Grossherzogs, Ludwig Schleiermacher, ein Mann von seltenem Scharfblick und erprobtem selbstlosen Edelsinn, welcher das unbegrenzte Vertrauen seines Fürsten genoss. Mit ihm war Liebig zusammengetroffen, und es war der begeisterten Zuversicht, mit der er ihm seinen Plan vortrug, gelungen, schon gleich bei der ersten Begegnung die Theilnahme Schleiermacher's zu gewinnen. Der vorsichtige Mann entschloss sich jedoch erst nach einer reiflichen Prüfung der Frage und nach mehrfach wiederholtem Verkehr mit dem jungen Feuerkopfe für die Wünsche desselben einzutreten. Sechs Wochen vergingen, ohne dass eine Antwort auf das Gesuch erfolgte, aber sie kam endlich und zwar in dem erhofften Sinne. Der Bescheid datirt vom 21. Mai 1822. Allerdings war es nur eine kleine und für einen erspriesslichen Aufenthalt in Paris nicht entfernt ausreichende Summe, welche gewährt ward. Gleichwohl werden sofort die Vorbereitungen für die Reise nach Frankreich mit rastlosem Eifer betrieben, und schon nach wenigen Monaten begegnen wir unserem Freunde in der Seinestadt als wissensdurstigen Hörer in den berühmten Vorlesungen von Gay-Lussac und Dulong. Die Verhältnisse gestalten sich aber doch nicht ganz so einfach, wie sich der vertrauensselige Student gedacht hat. Geldverlegenheiten, welche nicht ausbleiben, werden zwar durch das fortdauernde Wohlwollen seines fürstlichen Beschützers schnell beseitigt, aber trotz vieler Empfehlungsbriefe, zumal auch an den hessischen Gesandten Baron Pappenheim, welche er mitbekommen hat, will es ihm nicht gelingen, mit den Führern der Wissenschaft, wie er gehofft hatte, persönlichen Verkehr anzuknüpfen. Allein auch diese Hoffnung sollte nicht unerfüllt bleiben. Ganz unerwartet trat ein Mann für ihn ein, unter dessen mannichfaltigen hervorragenden Geistesanlagen die Gabe, schlummernde Talente zu entdecken und ihren Bestrebungen den Weg zu ebnen, nicht die geringste war. Gelegentlich einer Mittheilung, welche er in der französischen Akademie vortrug, hatte Liebig das Glück, Alexander von Humboldt kennen zu lernen. Gleich bei der ersten Begegnung hatte der berühmte Gelehrte das richtige Verständniss für die grosse Zukunft seines jungen Landsmannes gewonnen und ist ihm seit jener Zeit ein väterlicher Freund und werkthätiger Gönner geblieben. Liebig selbst hat uns eine reizende Schilderung von dem Umschwung hinterlassen, welchen seine Beziehungen zu den französischen Gelehrten durch Humboldt's Vermittelung erfuhren. Ein Wort des grossen Zauberers und die Laboratorien der Pariser Chemiker und Physiker standen seinem Schützlinge weit offen; ja der berühmteste Chemiker der Zeit, Gay-Lussac, verschmähte es nicht, sich mit dem deutschen Studenten zu vereinigen, um eine von Letzterem begonnene Arbeit über das Knallsilber zu vollenden. Merkwürdig genug, dieselbe explosive Substanz, welche einst aus der Schulmappe des Darmstädter Gymnasiasten aufblitzte, ist nunmehr Gegenstand einer Untersuchung geworden, welche alsbald die Augen der wissenschaftlichen Welt auf dem jungen Forscher vereinte. Schon nach anderthalb Jahren ist der als wissbegieriger Schüler in die Fremde Gewanderte als Meister der Forschung in die Heimath zurückgekehrt.

Die Lehrzeit unter Gay-Lussac's Führung hat aber in dem Geiste des jungen Mannes neben der Erkenntniss der Natur des Knallsilbers noch eine andere Frucht gezeitigt, den Gedanken nämlich — und mit dem Gedanken den Entschluss — in Deutschland eine Schule zu gründen, in welcher Studirende Gelegenheit fänden, die Kunst der Forschung, zumal auf dem Gebiete der organischen Chemie, zu erlernen, wie sie ihm selber in dem Laboratorium des französischen Chemikers geworden war. Auch zögerte er keinen Augenblick, Hand an's Werk zu legen. Kaum nach Deutschland zurückgekehrt, hat er den Muth, sich um die ausserordentliche Professur an der Universität Giessen zu bewerben. Ein solches Ansinnen war Denen, welche dem Unterrichtswesen in Hessen damals vorstanden, noch nicht vorgekommen. Wie? ein junger Mensch, kaum zwanzig Jahre alt, der kein Maturitätsexamen gemacht, der auf der „Landesuniversität" weder studirt noch promovirt hat, glaubt so ohne Weiteres ausserordentlicher Professor werden zu können! Unerhört! Allein Schleiermacher's Auge wacht über seinem Schützling. Znächst kam es darauf an, dass das baierische Doctordiplom, welches die Universität Erlangen dem jungen Forscher auf Grund seiner Arbeit über das Knallsilber verliehen hatte, in Hessen anerkannt wurde. Dies geschah durch ein nachträgliches Examen bei der philosophischen Facultät in Giessen, welches natürlich glänzend bestanden wurde. Hatte das Ergebniss dieser Prüfung bereits eine günstigere Stimmung für den Candidaten hervorgerufen, so schwanden die letzten Bedenken in Folge von Zuschriften, welche Alexander von Humboldt an Se. Kgl. Hoheit den Grossherzog und gleichzeitig an Schleiermacher richtete. Die Wärme, mit welcher sich der Grossmeister der Forschung in diesen Briefen über die Leistungen seines jungen Freundes ausspricht, ja gewissermassen Bürgschaft für seine Zukunft übernimmt, musste auch den Aengstlichsten überzeugen, dass man hier einer ganz ungewöhnlich begabten, frühreifen Natur gegenüber stehe. Die Folge war, dass Liebig zum ausserordentlichen Professor der Chemie an hiesiger Hochschule ernannt wurde. Der Erlass datirt vom 26. Mai 1824.

Die Bedingungen, unter denen der jugendliche Professor in seine neue Stellung eintritt, sind allerdings nicht eben günstige. Mit dem kärglich bemessenen Gehalte kann er keine grossen Sprünge machen; das wird aber auch zunächst nicht von ihm verlangt. Ein Anfang ist jedenfalls gegeben, und die Schwierigkeiten scheinen nur da zu sein, um überwunden zu werden. Vor Allem gilt es, ein Laboratorium zu erobern. Der angehende Docent ist glücklich, als ihm ein Pavillon der bereits für Universitätszwecke umgewandelten grossen Kaserne auf dem Seltersberg zu diesem Ende überwiesen wird — es ist dies der uns Allen wohl bekannte Bau mit der luftigen Säulenhalle, welcher bis vor wenigen Jahren das Universitäts-Laboratorium geblieben ist. Aber dieser Pavillon ist noch von einem Gendarmerie-Commando besetzt, und der bewaffneten Macht gegenüber befindet sich der neuernannte Professor in übler Lage. Aber es gelingt schliesslich doch, die Besatzung zu vertreiben, und nun geschehen die ersten Schritte zur Organisation des Laboratoriums, dessen Begründung eine Epoche in der Geschichte der Wissenschaft bildet.

Liebig ist nicht lange ausserordentlicher Professor geblieben. Schon nach wenig mehr als Jahresfrist starb der ordentliche Professor, von dem bislang Vorlesungen über Chemie und verwandte Fächer gehalten worden waren, und die Staatsbehörde, welche sich kaum von dem Schrecken erholt hatte, einen einundzwanzigjährigen Extraordinarius ernannt zu haben, stand nun der noch heikleren Frage gegenüber, ob man den Zweiundzwanzigjährigen mit dem Ordinariat belehnen solle. Um Anhaltspunkte für die Entscheidung dieser wichtigen Frage zu gewinnen, liess sich der Herr Minister die Gutachten der einzelnen Mitglieder des aus allen Facultäten zusammengesetzten Senates vorlegen, und es ist gewiss ein beredtes Zeugniss für die Dienste, welche der junge Ausserordentliche der Universität bereits geleistet hatte: die Ernennung zum Ordinarius wurde nahezu einstimmig befürwortet. Nur der Professor des Hebräischen sprach sich entschieden dagegen aus. Was solche Uebereinstimmung aller Facultäten zu bedeuten hat, wird Jeder auch nur einer Facultät Angehörige gern bezeugen! Auf den Bericht der hiesigen Universität erfolgte denn auch unmittelbar die Bestallung. Das Decret ist vom 9. December 1825, also nur 18 Monate jünger als das der Ernennung zum ausserordentlichen Professor.

Und nun beginnt für den Forscher, dessen Andenken wir feiern, eine Reihe arbeitsvoller, aber auch fruchtreicher Jahre. Entdeckung reiht sich an Entdeckung, wie Perle an Perle auf einer Schnur. Alle Länder Europas, ja der entlegene Westen, jenseits des atlantischen Oceans, senden lernbegierige Schüler, die er in die neu aufblühende Wissenschaft einführt. Und zu dem Ruhme, den der Forscher errungen, und zu den Erfolgen, welche der Lehrer erzielt hat, gesellt sich nun auch noch der Segen einer beglückenden Häuslichkeit, in deren Schoosse er die in so aufreibender Thätigkeit erschöpfte Kraft stets wiederfindet. Man muss den jubelnden Brief an seinen Freund Platen[1] lesen, um die gehobene Stimmung jener Tage ihm nachzuempfinden. Aber dem Günstlinge des Geschickes, dem die Quelle der inneren Befriedigung so reichlich sprudelt, fehlen natürlich auch zahlreiche Kundgebungen der äusserlichen Anerkennung nicht. Bereits hat ihn der Fürst des Landes in den hessischen Freiherrnstand erhoben; auch die Regierung ist eifrigst bemüht, ihm nach Kräften entgegenzukommen. Schon längst reichen die Räume des Laboratoriums für den stets wachsenden Schülerkreis nicht mehr aus. Liebig's brennender Wunsch ist, sein Institut vergrössert zu sehen. Der Erfüllung desselben stellen sich zunächst Schwierigkeiten in den Weg, aber sie werden überwunden, und im Laufe von drei Sommermonaten des Jahres 1839 entsteht der Verbindungsbau zwischen dem ursprünglichen Laboratorium und der Klinik, den Bedürfnissen der damaligen Forschung in jeder Beziehung genügend, welcher, obwohl den Anforderungen der heutigen Wissenschaft nicht mehr entsprechend, lange Jahre hindurch allen neu begründeten Laboratorien als Muster gedient hat.[2] Wiederholt wird ihm die verführerische Aufforderung, seinen Wirkungskreis an hiesiger Hochschule mit grossartigen Stellungen an hauptstädtischen Universitäten zu vertauschen. Von Dankbarkeit für sein hessisches Vaterland erfüllt, widersteht er den verlockendsten Aussichten. Noch gefährlicher fast, als die glänzenden Anerbietungen, welche St. Petersburg und Wien gestellt hatten, wäre der hiesigen Universität ein Ruf nach dem schönen Heidelberg geworden, welcher unter ganz ausnahmlich günstigen Bedingungen gegen die Mitte des Jahrhunderts hin an Liebig gelangte. Einen Augenblick schwankt der Gerufene, allein auch diesmal trägt die Anhänglichkeit an die ihm liebgewordene Stätte seiner Wirksamkeit den Sieg davon. Er bleibt, indem er selbstlos nur für die Freunde, welche neben ihm die Naturwissenschaften in Giessen vertreten, eine Verbesserung ihrer Stellung erbittet.[3] Einige meiner Zuhörer erinnern sich vielleicht noch des Jubels, welchen Liebig's Entschluss, zu bleiben, bei den Studirenden und in der Bürgerschaft hervorrief. Man glaubte nunmehr des Mannes sicher zu sein, und die Entmuthigung war daher eine nicht geringe, als gleichwohl einige Jahre später eine neue Berufung — diesmal nach München — unter Umständen an Liebig erging, welche eine Ablehnung nahezu ausschlossen. Aber auch diesmal waren es nicht sowohl die Vortheile der neuen Stellung, welche ihn bestimmten, als vielmehr das Gefühl, dass seine Gesundheit der anstrengenden Lehrthätigkeit, welche er während eines Vierteljahrhunderts

2*

geübt hatte, nicht mehr gewachsen war. Ueberdies konnte er die von ihm gegründete Schule der bewährten Hand eines Mannes anvertrauen, den wir Alle kennen, den wir Alle lieben und der heute glücklich ist, seinem Lehrer, seinem Amtsvorgänger dieses Standbild errichten zu helfen.

In München ist die Wirksamkeit LIEBIG's eine wesentlich andere geworden. Der aufreibenden Arbeitslast, welche der Experimentalunterricht bedingt, enthoben, hat er noch nach wie vor dankbare Hörerkreise in das Studium der chemischen Erscheinungen eingeführt. Aber der Schwerpunkt seiner Thätigkeit lag doch nicht mehr in der Lehre. Als Präsident der baierischen Akademie, als Berather des Ministeriums in allen Fragen, welche den Unterricht in den Naturwissenschaften, die Landwirthschaft, die Industrie betrafen, hat er noch viele Jahre lang den segensreichsten Einfluss in seinem neuen Wirkungskreise geübt. Und, was nicht hoch genug angeschlagen werden kann, er hat in München die Zeit gefunden, die Giessener Forschungen nochmals an seinem Geiste vorüber ziehen zu lassen, um die grossen Ergebnisse derselben in monumentalen Werken zu verarbeiten, welche ein kostbarer Besitz der Nation geworden sind.

Verehrte Festgenossen! In flüchtigen Umrissen hab' ich versucht, Ihnen den Lebensgang des Mannes zu schildern, zu dessen Standbild wir emporblicken; etwas eingehender durft' ich, der Feier des Tages entsprechend, bei den Beziehungen verweilen, in denen er während dreier Jahrzehende zu der Stadt und der Universität Giessen gestanden hat. Von dem köstlichen Inhalte dieses Lebens ist bisher kaum die Rede gewesen, und doch ist es ganz eigentlich die Lebensarbeit des Mannes, welche uns zu dem heutigen Feste vereinigt hat. Wo aber fände ich den Anfang, wo das Ende, unternähme ich es, in den wenigen Augenblicken, die mir vergönnt sind, Ihnen den Umfang dieser sich über ein halbes Jahrhundert erstreckenden, allseitig verzweigten Arbeit auch nur anzudeuten? Ich müsste Sie bitten, mich durch das ganze unermessliche Reich der chemischen Erscheinungen zu begleiten, denn in allen Theilen desselben hat er unvergängliche Wahrzeichen seiner bahnbrechenden Wirksamkeit zurückgelassen. Spräche ich zu einem Kreise von Fachgenossen, ich würde vor Allem an die vollendete Ausbildung der organischen Analyse zu erinnern haben, jenes gewaltigen Rüstzeugs, welches in seiner eigenen Hand und in den Händen der nach ihm Kommenden der Wissenschaft neue und umfangreiche Gebiete erobert hat, ich würde der ungezählten Einzelforschungen gedenken müssen, der Analyse der wichtigsten in dem Organismus der Pflanze und des Thieres vorkommenden Säuren, der grundlegenden Arbeit über die Constitution der organischen Säuren, der gemeinsam mit seinem Freunde Friedrich Wöhler ausgeführten epochemachenden Untersuchung über die Benzoylverbindungen, welche der nordische Meister Berzelius als „die Morgenröthe eines neuen Tages“ begrüsste, sowie der gleichfalls mit Wöhler angestellten berühmten Versuche über die Natur der Harnsäure, welche für die Entwickelung der Chemie und Physiologie von gleicher Bedeutung geworden sind. In einer Versammlung aber wie diejenige, welche ich anzureden die Ehre habe, muss ich mir's versagen, die Arbeiten, welche, wie die genannten, ausschliesslich im Dienste der Wissenschaft zur Ausführung gelangten, noch weiter zu verfolgen, um etwas länger bei denjenigen zu verweilen, deren Ergebnisse nicht nur der Wissenschaft, sondern auch den Aufgaben des Lebens zu Gute gekommen sind. Indessen auch bei solcher Beschränkung werde ich Ihnen noch genug zu erzählen haben.

Der bewundernswerthen Untersuchung über die explosiven Metallverbindungen, mit welcher der Jüngling seine Forscherlaufbahn eröffnete, ist schon gedacht worden. Die Fortschritte, welche die Vernichtungswissenschaft in den letzten Jahrzehenden gemacht hat, sind, wie Jedermann weiss, gewaltige, ja man kann sagen, schreckenerregende gewesen, allein das Knallquecksilber behauptet gleichwohl seinen Platz. Und wenn es daher auch zunächst die Tapferkeit unserer Brüder und unserer Söhne gewesen, welche die deutschen Waffen von Sieg zu Sieg geführt hat, so wollen wir nicht vergessen, dass auch die ausdauernde und nicht immer gefahrlose Arbeit des chemischen Forschers an diesen Erfolgen betheiligt ist. Jedoch nicht nur den traurigen Bedürfnissen des Krieges sind LIEBIG's Forschungen gerecht geworden, auch für die Lösung der edleren Aufgabe, menschliche Schmerzen zu lindern und dem Siechthum zu Hülfe zu kommen, sind sie nicht minder erfolgreich eingetreten. Wem wäre wohl die Bereicherung, welche dem Arzneischatz in dem Chloroform und dem Chloral geworden ist, unbekannt geblieben? Aber nicht Alle wissen, dass es LIEBIG war, welcher in jungen Jahren auf seinen Forscherzügen — bei dem Studium der Einwirkung des Chlors auf den Alkohol — diesen merkwürdigen Körpern zuerst begegnete. Die physiologischen Eigenschaften dieser Verbindungen sind allerdings erst viel später erkannt worden, aber welcher Segen ist nicht die Einführung des Chloroforms als Betäubungsmittel für die Menschheit gewesen, nicht nur für den Kranken, der nunmehr ohne Zagen der schmerzhaftesten Operation entgegensieht, sondern auch für den Arzt, der heute mit fester Hand und erfolgessicher seines schweren Berufes zu walten vermag. Und kaum minder wohlthätig hat sich das Chloral erwiesen. Unserer schnelllebigen, in fieberhafter Hast arbeitenden Zeit kommt nur allzu oft der Schlaf abhanden, und das neue Schlummermittel hat deshalb auch schnell umfassende Verwerthung gefunden; ist es ja doch LIEBIG selbst noch vergönnt gewesen, in hohem Alter von schwerer Krankheit genesend, dem eignen Kinde erquickenden Schlaf und mit ihm Wiederbelebung der Kräfte zu danken.

Und wie den ernsten, sind des Meisters Forschungen auch

den heiteren Aufgaben des Lebens gewidmet gewesen. Die moderne Blüthe des Kunstgewerbes hat sich nicht zum kleinsten Theile aus den einfachen chemischen Processen entfaltet, welche gestatten, unedele Metalle mit edelen zu umfangen; und wenn die Erzeugnisse desselben zur Zeit ihren Weg in die bescheidensten Wohnungen finden, so wird man zugestehen müssen, dass Liebig's Forschungen über das Blutlaugensalz und das Cyankalium einen wesentlichen Einfluss auf diesen Umschwung geübt haben; ja mehr noch: wenn uns heute die Schönheit unserer Frauen und Jungfrauen in doppeltem Glanze aus Silberspiegeln entgegenstrahlt, so sind es wieder die Arbeiten des grossen Forschers, welchen wir diese Gunst verdanken.

Allein ich darf, wie verlockend solches Vertiefen im Einzelnen erscheine, nicht länger zögern, der grössten Errungenschaft zu gedenken, welche Liebig der Welt hinterlassen hat.

Verehrte Festgenossen! Neben der Statue der fackeltragenden Minerva hat die sinnige Hand des Künstlers das Bild der ährenbekränzten Ceres an dem Sockel des Denkmals aufgestellt; er will uns daran erinnern, dass es der grosse Forscher gewesen ist, welcher, einer der Ersten, die Leuchte der Wissenschaft in die geheimnissvolle Werkstatt des Pflanzenlebens hineingetragen hat.

Nahezu zwanzig Jahre waren verflossen, seit Lilbig den hiesigen Lehrstuhl der Chemie eingenommen; er hatte sich während dieser ganzen Zeit eingehend mit den Körpern beschäftigt, welche dem Organismus der Pflanze entstammen. Es konnte nicht ausbleiben, dass sich im Laufe dieser Untersuchungen sein Auge wieder und wieder dem Organismus selber zulenken musste, in welchem diese Körper gebildet werden. Das Studium des Lebensprocesses der Pflanze war die Aufgabe, welche sich naturgemäss an die Erforschung der in diesem Processe erzeugten Verbindungen anschloss. Auch sehen wir gegen die Mitte des Jahrhunderts hin seine ganze Kraft dieser

Aufgabe gewidmet. Die Ergebnisse seiner Studien sind indessen schon so vollständig in das Bewusstsein der heutigen Generation eingedrungen, dass es nicht leicht ist, sich in die Zeit zurück zu versetzen, in welcher Liebig das Leben der Pflanze vom chemischen Gesichtspunkte aus zu betrachten begann. Es wird in der That stets eine denkwürdige Episode in der Geschichte der menschlichen Erkenntniss bleiben, dass eine Wissenschaft, welche zu den jüngsten zählt, — dass die Chemie berufen war, der ältesten aller menschlichen Gewerbthätigkeiten, dem Ackerbau, den Schlüssel zum Verständniss tausendjähriger Erfahrung zu liefern, und dass ihm dieser Schlüssel von einer Hand gereicht wurde, welche niemals eine Pflugschaar geführt, welche nie gesäet und geerntet hatte.

Dass die Fruchtbarkeit des Ackers durch Zufuhr von Dünger erhöht werde, war unzweifelhaft festgestellt. Ueber die Art und Weise aber, wie der Dünger seine Wirkung ausübt, hatten sich die seltsamsten Vorstellungen ausgebildet. Indem Liebig scharf die Nahrung unterschied, welche die Pflanze der Atmosphäre, und welche sie dem Boden entnimmt, gelangte er zu der Ueberzeugung, dass es Zweck der Düngung sei, dem Boden die in den Ernten entführten Mineralbestandtheile zu ersetzen. War diese Auffassung die richtige, so musste dieser Ersatz auch auf andere Weise als durch animalischen Dünger bewerkstelligt werden können. Die Richtigkeit dieser Schlussfolgerung war aber noch durch den Versuch zu erhärten. Und nun verlassen unsere Blicke einen Augenblick das neuenthüllte Standbild und suchen den östlichen Horizont der Stadt. Dort, am Saume des Philosophenwaldes, zog sich damals ein sandiges Gelände hin, welches nur stellenweise den kümmerlichsten Pflanzenwuchs zeigte. Ein geeigneterer Boden, um die neue Theorie auf die Probe zu stellen, hätte nicht gefunden werden können. Liebig zögerte keinen Augenblick. Er ersuchte den Magistrat der Stadt Giessen um käufliche Ueberlassung jener

Strecke Landes, und schon in kurzer Frist war ein Kauf zu Stande gekommen, welcher grosse Aehnlichkeit mit einer Schenkung hatte. Und nun begannen die denkwürdigen Versuche, welche jene Sandwüste durch ausschliessliche Anwendung von auf chemischem Wege bereitetem Dünger schon in wenigen Sommern in einen blühenden Garten verwandelten. Die neue Theorie des Düngers hatte die Feuerprobe bestanden. Der von so glänzendem Erfolge gekrönte Anbau der Liebigshöhe — dieser Name ist dem Versuchsfeld bis auf den heutigen Tag verblieben — hat eine Veränderung in der Landwirthschaft hervorgerufen, welche einer Umwälzung gleichkommt. Die Grundlage einer neuen Industrie, der Industrie der Mineraldünger, war gegeben, welche sich schnell über die ganze civilisirte Erde verbreitet und zumal in unserem Vaterlande einen bewundernswerthen Aufschwung genommen hat. Die Landwirthschaft, nicht länger mehr ein nach ererbten, aber unverstandenen Regeln geübtes Erfahrungsgewerbe, war für alle Zeiten auf der gesunden Basis wissenschaftlicher Erkenntniss begründet.

Es wäre seltsam gewesen, wenn mit dem neugewonnenen Einblick in die Bedingungen des Pflanzenlebens in LIEBIG's forschendem Geiste nicht sofort der Wunsch aufgestiegen wäre, die chemischen Vorgänge in dem Organismus auch des Thieres aufzuklären; war er ja doch für solche Studien ganz eigentlich vorbereitet, denn jeder der Landwirthschaft geleistete Dienst kommt zuletzt der Ernährung des Thieres zu Gute. LIEBIG fand das Gebiet, in welches er nunmehr einzudringen begann, nicht ganz unangebaut. Man vermuthete bereits, dass das Thier die wesentlichen Bestandtheile seines Leibes in der Pflanze fertiggebildet vorfinde, dass es sich also bei der Aufnahme von Pflanzennahrung in gewissem Sinne selber verzehre. Die Richtigkeit dieser Vermuthung ist indessen erst durch die jahrelang fortgesetzten Untersuchungen LIEBIG's und seiner Schüler bewiesen worden. Diese Untersuchungen zeigen das

Thierleben in seiner Abhängigkeit von dem Pflanzenleben und lassen gleichzeitig den schon von Lavoisier geahnten Kreislauf der Materie in seiner bewundernswerthen Einfachheit mit voller Sicherheit erkennen. Die der Luft entstammenden Bestandtheile der Pflanze werden von dem Thiere der Atmosphäre zurückgegeben, andererseits kehren die Mineralsubstanzen, welche sie dem Erdreich entlehnte, aus dem thierischen Organismus in den Boden zurück. Allein der nie ruhenden Forscherlust Liebig's genügte es nicht, die allgemeinen Beziehungen zwischen dem Leben der Pflanze und des Thieres erkannt zu haben. Für ein erschöpfendes Verständniss dieser Beziehungen schien es geboten, die Processe in dem thierischen Organismus im Einzelnen zu studiren und die Umwandlungen zu verfolgen, welche die Pflanzennahrung in dem Leibe des Thieres erleidet. So entstanden die umfassenden Arbeiten des Meisters über den Stoffwechsel, über die thierische Wärme, über Fleisch- und Fettbildung, über die Abhängigkeit dieser Bildungen von der Art der Ernährung, Arbeiten, welche zu der lange festgehaltenen Unterscheidung von plastischen, d. h. den Thierkörper reproducirenden, und von respiratorischen, d. h. den Verbrennungsprocess im Thierkörper unterhaltenden Nahrungsmitteln führten. Im Laufe dieser Untersuchungen mussten sämmtliche in dem thierischen Organismus auftretenden Verbindungen, mithin auch die Bestandtheile des Fleisches, einer eingehenden Prüfung unterworfen werden. Die so gewonnene richtigere Erkenntniss der wahren Natur des Fleisches und zumal die Ermittelung einfacher und sicherer Methoden für die Abscheidung seiner Bestandtheile sollten nicht lange ohne Verwerthung für's Leben bleiben. Eine Gesellschaft unternehmender Männer entschloss sich auf Liebig's Vorschlag, das von ihm aufgefundene Verfahren im Grossen zu verwerthen, und den Fleischreichthum eines anderen Welttheils den fleischbedürftigen Bewohnern Europa's zugänglich zu machen. So entstand die weltberühmte Fleisch-Extract-Compagnie von Fray Bentos, deren Producte sich bereits über die ganze Erde verbreitet haben. Dem Urheber derselben gehört der Ruhm, unsere Nahrung um eine Würze bereichert zu haben, welche sich den altbewährten Genussmitteln, Thee und Kaffee, in stets wachsendem Umfang zur Seite zu stellen verspricht. Nicht minder folgenreich ist LIEBIG's Untersuchung der Milch geblieben. Kaum hatte sich ihm ein klarerer Einblick in die Zusammensetzung derselben erschlossen, als er auch bereits das Bedürfniss empfand, die vermehrte Kenntniss seinen Mitmenschen nutzbar zu machen. Wer wüsste nicht, dass er diesem Bedürfniss Genüge that, indem er nach wissenschaftlichen Principien ein Ersatzmittel der Muttermilch bereitete und sich auf diese Weise den Dank auch kommender Geschlechter gesichert hat.

Wer die Summe der hier doch nur flüchtig geschilderten Forscherarbeit überblickt, der begreift kaum, wie Demjenigen, der sie vollbracht hat, noch Zeit und Kraft bleiben konnte, eine umfangreiche literarische Thätigkeit zu üben. Allein nur wenige auf dem Gebiete der experimentalen Wissenschaften Arbeitenden haben eine ähnliche Anzahl grosser Werke hinterlassen. Die von ihm begründete chemische Zeitschrift war, als er starb, bei dem 168. Bande angelangt. Die sie Fortsetzenden haben dankbar den Namen LIEBIG's Annalen beibehalten. Allbekannt sind das von ihm in's Leben gerufene Handwörterbuch der Chemie, sowie seine Werke über Agriculturchemie und Thierchemie. Durch das erstgenannte Werk — in neunter Auflage unter dem Titel: „die Chemie in ihrer Anwendung auf Agricultur und Physiologie" veröffentlicht — hat er sich für alle Zeiten ein unvergängliches Denkmal gesetzt. Seine chemischen Briefe sind eines der volksthümlichsten wissenschaftlichen Bücher geworden. Von der unnachahmlichen Klarheit seiner Schreibweise, selbst wo die sprödesten Fragen behandelt werden, hat sich Jeder überzeugt, der eines seiner

Werke in den Händen gehabt hat; wir freuen uns aber gleichwohl der rühmenden Anerkennung, welche kein Geringerer als Jacob Grimm auch seiner klassischen Sprache, obwohl sie keiner *rite* zu Ende geführten Gymnasiallehre entstammte, so unumwunden gezollt hat.

Verehrte Festgenossen! Ich bin bemüht gewesen, soweit es die Kürze der Zeit und die Schranke des Könnens gestattete, Sie an die Wirksamkeit des grossen Mannes, den wir feiern, zu erinnern, an die Hingebung, welche er den Aufgaben der hiesigen Hochschule gewidmet hat, an die Siege, welche er auf dem Felde der Forschung errungen, an die Arbeit, welche er im Dienste der Menschheit vollbracht hat. Wer aber die Erfolge des Lehrers hat rühmen hören, wer dem Fluge des Forschers gefolgt ist, wer sich der Wohlthaten erfreut, die der Eroberer unserem Geschlechte gewonnen, der trägt auch wohl Verlangen, den Mann in seinem Verkehr mit den Menschen kennen zu lernen, um einen Einblick in seinen Charakter zu erhalten. Wohl selten ist Einer in dieser Beziehung ungleicher beurtheilt worden als Liebig. Es hat nicht an Solchen gefehlt, die ihn der Ueberhebung, der Streitsucht, der Unduldsamkeit bezichtigt haben. Wohl lodert dieser reine Geist bei jeder Verletzung seines Rechts, bei jedem Winkelzug in edlem Zorne auf, und wehe dem Schuldigen! Hartes Wort und spitze Feder sind dann schnell zur Hand. Aber es trifft sich wohl auch einmal, dass die Rechtsverletzung des Gegners, die Abweichung von der Wahrheit eine unabsichtliche oder gar eine vermeintliche ist, und dann bleibt dem Streitbaren der Vorwurf der Lust an Zank und Hader nicht erspart. Der Unbefangene jedoch, der heute von diesen nun schon längst hinter uns liegenden Fehden Kenntniss nimmt, gewinnt schnell die Ueberzeugung, dass sie alle in dem scharf ausgeprägten Rechtsgefühl, in der unbegrenzten Wahrheitsliebe des Mannes ihren Ursprung hatten. War doch auch Keiner durch stichhaltige

Gründe von der Unrichtigkeit seiner Ansicht leichter zu überzeugen, und, einmal überzeugt, mehr geneigt, dieselbe aufzugeben — man soll einen Irrthum nicht über Nacht im Hause behalten, pflegte er zu sagen — und bereitwilliger die Hand zur Versöhnung zu reichen. Es ist gewiss bemerkenswerth, dass ein Freundschaftsverhältniss, welches LIEBIG stets zu den schönsten Gewinnsten seines Lebens gezählt hat, aus einer Controverse hervorgegangen ist, in welcher er selber den Kürzeren gezogen hatte. Gelegentlich einer Erörterung, welche an die bereits erwähnte berühmte Arbeit über das Knallquecksilber anknüpfte, hatten sich LIEBIG und WÖHLER schon auf der Schwelle ihrer Laufbahn als wissenschaftliche Gegner bekämpft; allein Sieger und Besiegter hatten die Arena nicht verlassen, ohne einen Bund geschlossen zu haben, welcher von der Zeit unberührt geblieben ist. Von dem reichen Erwerb, welchen die Wissenschaft aus diesem Bunde gezogen hat, ist bereits die Rede gewesen, hier soll nur noch daran erinnert werden, dass uns die Freundschaft der beiden grossen Forscher in ihrer ganzen Reinheit und Innigkeit erst durch den jüngst veröffentlichten Briefwechsel bekannt geworden ist, und es gereicht uns deshalb zur besonderen Freude, dass es uns vergönnt ist, Zeuge zu sein, wie sich die Standbilder der im Leben jeder Zeit Geeinten an Lahn und Leine nahezu gleichzeitig erheben.

Dass LIEBIG auch noch mit vielen anderen Zeitgenossen in freundschaftlichem Verkehre stand, braucht kaum gesagt zu werden. Er hatte das seltene Glück, dass er nur aufzutreten brauchte, um sich alsbald von zahlreichen Bewunderern und Verehrern umgeben zu sehen. Ich muss der Versuchung widerstehen, im Kreise der ausgezeichneten Männer, die sich seiner Zuneigung rühmen durften, Umschau zu halten, allein ich will es mir nicht versagen, zwei Freunde zu nennen, welche seinem Herzen besonders nahe standen, und mit denen er während der Giessener Periode Tag für Tag verkehrte. HEINRICH

Buff und Hermann Kopp, Beide jahrelang Zierden der hiesigen Universität, von denen der Eine dem Freunde schon nach kurzer Frist in den Tod gefolgt ist, während wir glücklich sind, den Anderen, noch immer das Banner der Wissenschaft hochhaltend, bei der heutigen Feier in unserer Mitte zu erblicken.

Und das edle Gemüth Liebig's, welches sich, einzelnen Bevorzugten gegenüber, in der selbstlosen Hingabe treuer Freundschaft offenbarte, gelangte im Verkehr mit der Welt als opferwillige Nächstenliebe zum Ausdruck. Wie vielen Trauernden er ein Tröster gewesen ist, wie viele Verzagende er ermuthigt, wie vielen Nothleidenden er Hülfe gebracht hat, die Welt hat nichts davon erfahren, allein die Erinnerung daran ist in dankbare Herzen eingeschrieben.

Verehrte Festgenossen! Es ist keine Trauerfeier, zu der wir versammelt sind. Wir klagen nicht mehr um einen Verlust, der, wie schmerzlich wir ihn seiner Zeit empfanden, den ewigen Naturgesetzen nach unvermeidlich war; wir sind vielmehr von freudigem Danke erfüllt, dass uns in diesem unvergleichlichen Manne, auf den Wegen der Wissenschaft wie des Lebens, für alle Zeiten ein leuchtendes Vorbild geschenkt war, und in dieser frohen Ueberzeugung wage ich Sie um Erlaubniss zu bitten, Ihnen eine Anekdote erzählen zu dürfen, die, besser als alle Lobsprüche, welche ihm gespendet werden könnten, geeignet ist, den Charakter des Mannes zu zeichnen.

Gestatten Sie mir, dass ich sie in den Worten wiedergebe, in denen sie Einer, der Zeuge des Erlebnisses war, mitgetheilt hat.

„Vor vielen Jahren (1853) machte Liebig einen Ausflug in die Tyroler Berge, auf dem ich", so erzählt der Berichterstatter, „mit zwei anderen Freunden ihn begleiten durfte.

Auf dieser Wanderung überholten wir eines Morgens einen alten Soldaten, der, offenbar krank, nur langsam vorwärts kam. Als wir uns näherten, bat er um ein Almosen, indem er uns seine bittere Noth klagte. Wir folgten dem Beispiel LIEBIG's, dem bei solchen Gelegenheiten Herz und Börse gleich weit geöffnet waren, und brachten schnell ein paar Gulden zusammen, welche dem armen Mann wie ein vom Himmel gefallenes kleines Vermögen vorkamen. Dann zogen wir, ihn bald weit hinter uns lassend, unseres Weges und langten nach kurzer Zeit vor einem Dorfwirthshause an, wo wir beschlossen, das Mittagsmahl zu nehmen und dann zu rasten.

Während wir bei Tische sassen, sahen wir auch unseren alten Soldaten eintreten, und es war uns ein angenehmer Gedanke, dass es ihm heute wenigstens nicht an Mitteln fehlte, sich eine gute Mahlzeit zu verschaffen. Nach Tisch schien eine Siesta angezeigt; wir zogen uns daher in ein Nebenzimmer zurück und waren nach kurzer Frist in tiefen Schlaf versunken. Nach etwa einer Stunde wachte ich auf, die beiden anderen Genossen schliefen noch auf ihren Stühlen: LIEBIG aber war verschwunden. Ich ging alsbald in die Wirthsstube, um mich nach unserem Reisegefährten zu erkundigen. „Der ältere Herr", erwiderte der Wirth, „hat nicht lange geschlafen, er kam bald, um nach einer Apotheke zu fragen, und da wir keine im Dorfe haben, so ist er nach der nächsten Ortschaft im Thal gegangen, wo sich eine befindet". Nicht ohne einige Besorgniss ob dieses plötzlichen Aufbruchs, machte ich mich sofort in der angezeigten Richtung auf den Weg. Ich war noch nicht lange gegangen, als ich LIEBIG aus dem Dorfe herauskommen sah. Ich eilte auf ihn zu, begierig, die Veranlassung zu diesem einsamen Spaziergange zu erfahren. Er antwortete mir: „Unser armer Soldat leidet an einem schleichenden Fieber, welches mit Hülfe von Chinin sicher curirt werden kann; ich bin daher in die nächste Apotheke gegangen, um einige Chinapulver für ihn zu holen." Als er in die kleine Dorfapotheke gekommen sei, erzählte er weiter, habe er den Apotheker nicht zu Hause getroffen, allein von der daheimgebliebenen Frau die Erlaubniss erhalten, sich was er brauchte auszusuchen und nach eigener Schätzung zu bezahlen. Er habe dann auch glücklich die Chininflasche gefunden und eine Schachtel voll Chininpulver angefertigt, welche, wie er hoffe, hinreichen werde, das Fieber vollständig zu vertreiben. Noch eine halbe Stunde, und der Soldat hatte seine Pulver mit einer genauen Anweisung, wie er sie nehmen solle. Er erfuhr kein Wort von dem langen Gange, welchen der gütige Geber, um sie zu erhalten, hatte machen müssen. Nachdem der alte Mann gedankt und versprochen hatte, der ihm gegebenen Vorschrift pünktlich nachzukommen, nahmen wir unsere Wanderung wieder auf, und es wollte mich bedünken, als ob LIEBIG trotz seines Marsches in der Mittagshitze, während wir geschlafen hatten, gleichwohl der Fröhlichste und Erfrischteste der Gesellschaft war.

„Dies ist eines der vielen Beispiele", fügt mein Berichterstatter hinzu, „welche ich von der edlen Einfachheit und der wahren Menschenliebe des Mannes erzählen könnte. Wir Anderen hatten dem Kranken ein Stück Geld gegeben, wir glaubten unsere Schuldigkeit gethan und hatten uns schlafen gelegt. Dem Meister aber war die Natur des Uebels nicht entgangen, und von dem Wunsche beseelt, wahre Hülfe zu gewähren, hatte er nicht gezögert, seine Ruhestunde, die ihm doch wohl nöthiger sein mochte als uns Jüngeren, aufzuopfern."

Dass das Hinscheiden eines Mannes, in welchem Geist und Gemüth so wunderbar gesellt waren, in viele Herzen eine tiefe Lücke schlug, wer könnte daran zweifeln? Seit ALEXANDER v. HUMBOLDT war in Deutschland kein Forscher zu Grabe getragen worden, um den die Trauer allgemeiner gewesen wäre. Und bei keinem — auch bei HUMBOLDT nicht — hat sich sofort bei den Zeitgenossen in ähnlichem Maasse das Verlangen kundgegeben, die Erinnerung an den Vollendeten in weithin sichtbarem Bilde für die Nachwelt festzuhalten.

Zunächst allerdings entbrennt noch edler Wettstreit zwischen drei Städten um den Besitz des zu errichtenden Denkmals. Darmstadt, LIEBIG's Geburtsort, glaubt in erster Linie das Denkmal beanspruchen zu dürfen; für Giessen, die Wiege seines Ruhmes, erheben sich im Chor die Stimmen der Schüler und Freunde aus jüngeren Jahren, doch auch die kunstpflegende Isarstadt, wo sich am Lebensabend noch ein reicher Kranz von Freunden um ihn gesammelt hatte, macht mit Nachdruck ihre Rechte geltend. Nicht ohne Besorgniss sieht der Vorstand der Deutschen chemischen Gesellschaft, welcher zuerst für den Gedanken, dem Dahingeschiedenen ein Standbild zu errichten, eingetreten war, wie sich die Kräfte zu zersplittern drohen. Vor Allem gilt es — das fühlt ein Jeder — die Denkmalbewegung einheitlich zu gestalten. In diesem Sinne entschliessen sich denn auch die das Denkmal für Giessen Erstrebenden opfermuthig zurückzutreten und München den Vorrang zu überlassen, sie geben jedoch ihren Lieblingswunsch nicht auf, sondern hoffen mit Zuversicht, dass es ihnen vergönnt sein werde, ein Standbild des Meisters auch in der Lahnstadt zu errichten. Und diese Hoffnung ist nicht getäuscht worden. Der Vorstand der chemischen Gesellschaft erlangt sofort von dem General-Comité das Zugeständniss eines Theiles der gesammelten Mittel für ein Denkmal in Giessen. Es ist allerdings nur ein begrenzter Theil, ausreichend etwa um das Münchener Marmordenkmal für Giessen in Erz zu wiederholen. Aber schon regt sich in LIEBIG's Schülern und in den Freunden aus jüngeren Jahren edleres Verlangen. „Keine Wiederholung wollen wir“, heisst ihre Losung, „wie herrlich gelungen das Münchener Denkmal uns erscheine! Die Stätte, wo wir dem Meister von Angesicht zu Angesicht gegenüberstanden, wo wir seiner Lehre lauschten, wo wir seine Hand in der unseren hielten, soll ein eigenes Standbild schmücken. Wenn uns das Münchener Denkmal den Gelehrten im hohen Alter, auf die Arbeit eines Menschenlebens zurückblickend, darstellt, so wollen wir in

Giessen ein Standbild errichten, aus dem uns der Forscher in der Vollkraft der Jahre, mit kühnem Blick in die Geheimnisse der Natur eindringend, entgegentritt, wie sein Bild für alle Zeiten in unseren Herzen fortlebt.“ Wohl ist es nicht leicht, auch für dieses zweite Denkmal noch die nöthigen Mittel zu gewinnen, indessen Liebig's Freunde lassen den Muth nicht sinken; ihre Ausdauer, ihre Anstrengungen wachsen mit den Schwierigkeiten, welche sich ihnen in den Weg stellen. Allein die Arbeit ist auch eine gesegnete! Während für die Verwirklichung des ersten Standbildes nicht weniger als ein volles Jahrzehend erforderlich war, ist es uns vergönnt gewesen, das zweite Denkmal in nicht mehr als sieben Jahren zu Stande zu bringen, aber mehr noch — die verehrte Versammlung wird es mit nicht geringem Interesse vernehmen — Dank weiser Sparsamkeit und trefflicher Verwaltung konnten auf das Giessener Denkmal schliesslich mehr Mittel verwendet werden, als für das Münchener Denkmal zur Verfügung standen.

Auch im Uebrigen werden die erfolgreichen Anstrengungen für das hiesige Liebig-Denkmal bei allen Betheiligten in dankbarer Erinnerung fortleben. Als wir vor sieben Jahren das Marmorstandbild in München enthüllten, war die gehobene Stimmung des Tages leider keine ungetrübte, wussten wir doch, dass die Hand, welche den Meissel geführt hatte, bereits im Tode erstarrt war, und dass es der ganzen Hingabe eines überlebenden Freundes bedurft hatte, um das Denkmal zu vollenden. Glücklicher als in München dürfen wir uns heute unbeirrt dem Gefühle der Freude hingeben, mit welchen uns der Anblick des unvergleichlichen Kunstwerkes erfüllt. Auch wollen wir nicht säumen, dem Schöpfer desselben, den wir in der Blüthe der Jahre und in der Fülle fröhlicher Schaffenskraft in unserer Mitte begrüssen, zu dem herrlichen Gelingen seines Werkes Glück zu wünschen und ihm für die Liebe, welche er der ihm anvertrauten Aufgabe gewidmet hat, unsern herzlichen Dank auszusprechen.

Aber wenn wir uns in erster Linie dem Künstler verpflichtet fühlen, so wollen wir doch nicht unterlassen, uns dankerfüllt aller Derer zu erinnern, die sich, in welcher Weise immer, an dem Zustandekommen des Denkmals betheiligt haben. Die Mitglieder der Executiv-Commission denken hierbei zunächst an das Local-Comité in Giessen, dessen thatkräftiges Mitwirken ihnen ihre Aufgabe so wesentlich erleichtert hat, und sie sind sich dabei schmerzlich bewusst, dass es nicht Wenigen, die freudig mit uns in die Arbeit eingetreten sind, versagt geblieben ist, das Werk im Glanze der Vollendung zu schauen.

Auch dem hohen Magistrat der Stadt Giessen fühlen wir uns im höchsten Grade verbunden für die köstliche Stätte, welche er inmitten der neuerblühenden Ostanlage für das Liebig-Denkmal ausersehen hat. Diesen Magistrat nun bitte ich als Vertreter der Deutschen chemischen Gesellschaft und im Namen der Schüler und Freunde Liebig's von dem Denkmal Besitz zu ergreifen.

Dem dankbaren Sohne seiner theuren Vaterstadt bleibt nunmehr noch eine Aufgabe, deren Erfüllung er seit Jahren ersehnt hat, und die heute wie ein goldener Sonnenstrahl in den Spätabend seines Lebens hineinfällt, die Aufgabe nämlich, dem hochverehrten Herrn Bürgermeister von Giessen die Urkunde[4]) einzuhändigen, durch welche das Denkmal in den Besitz der Stadt übergeht. In Ihrer Hut, unter dem Schutze der hohen Stadtbehörde, wissen wir es sicher geborgen. Möge das Denkmal bis zu den entferntesten Enkelgeschlechtern hinab den Ruhm des grossen Forschers, des hochherzigen Lehrers, des edlen Mannes weithin verkünden, und möge sich in den Herzen der Jugend, welche wissensdurstig dieser Stätte naht, das heilige Feuer der Wissenschaft, die Begeisterung für die ewigen Ziele der Menschheit bei dem Anblick des Liebig-Denkmals für und für aufs Neu' entzünden!

Anmerkungen.

[1] (S. 18.) Vergl. Lebensbilder von MORIZ CARRIERE. Leipzig 1890. LIEBIG und PLATEN. S. 301.

[2] (S. 19.) Mit der Ausarbeitung der Enthüllungsrede beschäftigt, hatte ich Se. Excellenz den Hessischen Ministerpräsidenten Hrn. FINGER gebeten, mir Einsicht in LIEBIG's Personalacten zu gestatten. Für die liebenswürdige Bereitwilligkeit, mit welcher Hr. FINGER meine Bitte gewährt hat, kann ich ihm nicht dankbar genug sein. Diese Personalacten werden dem zukünftigen Biographen LIEBIG's eine wahre Fundgrube für zuverlässige Belehrung sein.

Unter den vielen Briefen LIEBIG's finde ich einen an den damaligen Geheimen Staatsrath Dr. v. LINDE, in welchem unter Anderem auch von meinem Vater die Rede ist. Ich kann mir das Vergnügen nicht versagen, die betreffende Stelle hier wiederzugeben, da sie einerseits die Freundschaft LIEBIG's für meinen Vater, andererseits aber die ihm eigene Dankbarkeit für jedweden ihm geleisteten Dienst bekundet. Sie lautet:

Giessen, den 2. December 1840.

. . . .

Meine andere Bitte betrifft unseren Provinzial- und Universitätsbaumeister Hrn. Hofkammerrath HOFMANN. Hrn. HOFMANN gebührt das Verdienst, dass wir in Giessen ein Laboratorium besitzen, was in Beziehung auf Wohlfeilheit, Schönheit und Zweckmässigkeit der inneren Einrichtung seines Gleichen sucht und noch lange Zeit hindurch als Muster für andere ähnliche Anstalten dienen wird; das verdankt man seinem eminenten Talente, die ihm unterlegten unbestimmten Ideen durch eine vortreffliche praktische Ausführung in bestimmte Formen zu bringen. Nur der Aufopferung und Liebe, die er diesem Baue widmete, nur seiner seltenen Ausdauer und Anstrengung konnte es gelingen, den Bau und alle Einrichtungen in drei Monaten zu vollenden, so dass der Wintercursus keine Unterbrechung erlitt. Ich hatte schon früher bei höchster Staatsbehörde berichtlich darauf angetragen, Hrn. Hofkammerrath HOFMANN eine Anerkennung seiner Bemühungen zu gewähren; allein es ist ihm kein Zeichen des Beifalls und der Zufriedenheit geworden, obwohl dies nicht die einzigen Verdienste sind, die er sich um die Universität erworben hat. Ich erlaube mir Ew. Excellenz angelegentlich um ein Zeichen der Anerkennung für die Bemühungen und Verdienste des Hr. Hofkammerraths HOFMANN um die Universität zu bitten.

Dr. JUSTUS LIEBIG.

Bemerken will ich zu diesem Briefe, dass LIEBIG's Bitte unerfüllt geblieben ist.

Anerkennungsvoller hat sich die Regierung des Königreichs Sachsen gezeigt. Vor dem Schreiber dieser Zeilen steht — ein theures Vermächtniss aus dem väterlichen Hause — eine prachtvolle Vase aus Meissener Porcellan, in den grösseren Feldern Ansichten von Dresden, in den kleineren mit Vignetten architektonischer Embleme: Zirkel, Winkelmaass, Zollstock, Senkwaage, Quartband des VITRUV's geschmückt, ein Geschenk der sächsischen Regierung, welche von LIEBIG die Pläne des Giessener Laboratoriums erbeten hatte. A. W. H.

[3] (S. 19.) Bruchstück aus einem Briefe LIEBIG's an den Ministerialrath Freiherrn v. RIEFFEL:

Giessen, den 23. Mai 1850.

..... Die Grossherzogl. badische Regierung hat mir den Bau eines neuen Laboratoriums mit einer Dienstwohnung, ohne Beschränkung der Bausumme, eine jährliche Dotation des Laboratoriums mit 2000 Fl., ferner eine Besoldung von 4000 Fl. und anderes vorgeschlagen. Diese Besoldung beträgt 800 Fl. mehr, als ich in Giessen habe, und ich zweifle kaum daran, dass die badische Regierung mir 1200 Fl. mehr, wenn ich sie verlange, zusichern wird.

Ich bitte Sie, der höchsten Staatsbehörde mitzutheilen, dass meine Wünsche sich darauf beschränken, meinen Wirkungskreis in Giessen für die Zukunft gesichert zu sehen, und dass ich auf jede Erhöhung meiner Besoldung oder der Dotation des Laboratoriums verzichte.

Aber ich glaube diese 1200 Fl. in Anspruch nehmen zu dürfen für die Befestigung der Kräfte, welche im Verein mit mir wirken, und zwar in der Weise, dass unser trefflicher Mineraloge Prof. ETTLING, welcher seit Jahren uns seine besten Kräfte widmet und als Professor keinen Heller Besoldung hat, 400 Fl. — ferner Prof. KNAPP 400 Fl. — und Prof. BUFF 200 Fl. — Prof. KOPP 100 Fl. nebst seiner von dem Senate längst beantragten Promotion zum Ordinarius erhalten, und dass zuletzt der Rest von 100 Fl. für einen Diener für das physikalische Kabinet, um welchen Prof. BUFF seit vielen Jahren supplicirt, bewilligt werde.

Prof. KNAPP ist unzweifelhaft der erste Technologe Deutschlands, und seine Besoldung von 800 Fl. seinen Leistungen nicht entsprechend und unzureichend für seine Bedürfnisse.

Prof. BUFF hat seit seiner Anstellung nicht die kleinste Anerkennung erhalten, während Viele, die nach ihm angestellt wurden, weit höhere Besoldungen empfingen; er gehört anerkannt zu den berühmtesten Physikern Deutschlands.

[4] (S. 35.) Schenkungs-Urkunde. An den wohllöblichen Stadtvorstand von Giessen! Die unterzeichneten Bevollmächtigten für die Aufstellung der Statue LIEBIG's an den beiden Stätten seiner Wirksamkeit sind eifrig bemüht gewesen, dem ihnen gewordenen Auftrage im Sinne ihrer Auftraggeber gerecht zu werden. Nachdem es ihnen vor nunmehr sieben Jahren vergönnt gewesen ist, die von WAGMÜLLER ausgeführte Statue LIEBIG's in München zur Aufstellung zu bringen, haben sie heute, am Tage der Enthüllung des für Giessen geschaffenen Denkmals, die Ehre, der Behörde dieser Stadt im Namen der Schüler und Freunde des grossen Forschers das aus SCHAPER's schöpferischem Geiste hervorgegangene Kunstwerk kraft dieser Schenkungsurkunde als unveräusserliches Eigenthum zu übergeben.

Indem die Bevollmächtigten die Sorge für die Erhaltung des herrlichen Werkes vertrauensvoll in die Hände des Stadtvorstandes von Giessen legen, geben sie sich der frohen Hoffnung hin, dass unter seinem Schutze das Denkmal eine lange Reihe von Geschlechtern daran erinnern möge, wie LIEBIG ruhmvoll sein Leben der Wohlfahrt der Menschheit gewidmet hat, und wie sich seine Zeitgenossen des von ihm Vollbrachten in dankbarer Anerkennung bewusst gewesen sind.

Dieser Urkunde ist eine Schrift beigegeben, welche über die Entstehung des Denkmals berichtet.

Giessen, am 28. Juli 1890.

Die Bevollmächtigten für die Errichtung der Denkmäler LIEBIG's an den Stätten seiner Wirksamkeit München und Giessen:

A. W. v. HOFMANN, Vorsitzender.

C. SCHEIBLER, Schatzmeister. J. VOLHARD, Schriftführer.

M. CARRIERE. A. KEKULÉ. H. KOPP. H. WILL.

DAS LIEBIG-DENKMAL

IN

MÜNCHEN.

DAS LIEBIG-DENKMAL

IN

GIESSEN.

FRIEDRICH WÖHLER.

Geb. 31. Juli 1800.

Gest. 23. Sept. 1882.

FRIEDRICH WÖHLER.

REDE,

GEHALTEN BEI ENTHÜLLUNG DES WÖHLER-DENKMALES
IN GÖTTINGEN AM 31. JULI 1890.

Der Forscher, dessen Standbild sich unsern Blicken enthüllt hat, ist erst vor wenigen Jahren aus dem Kreise der Lebenden geschieden; den zu der heutigen Feier Versammelten leben daher die Züge seines Angesichts, leben Gestalt und Haltung des uns Entrückten noch frisch in der Erinnerung, und wir sind somit Alle freudig und dankbar bewegt, dass uns der Mann, wie er unter uns wandelte, wie wir ihn kannten, wie wir ihn liebten, aus dem schimmernden Erze entgegentritt. Die Musenstadt Göttingen darf sich Glück wünschen, dass ihr der Besitz des berühmten Forschers, welcher sich im Leben während eines halben Jahrhunderts ihrem Dienste gewidmet hatte, auch nach dem Tode noch, im Bilde wenigstens, für alle Zeiten gesichert ist.

Der Anblick der Statue weckt die Erinnerung an eine deutsche Gelehrtenlaufbahn, wie sie schöner nicht gedacht werden kann. Gestatten Sie mir, verehrte Festgenossen, Sie eilenden Fusses dieser Laufbahn entlang zu führen.

Friedrich Wöhler wurde heute vor 90 Jahren in Eschersheim bei Frankfurt a./M. geboren. Das hochdramatische Ereigniss, welches seiner Geburt voranging und Ursache war, dass er nicht unter dem väterlichen Dache das Licht der Welt erblickte, ist Ihnen Allen zu wohl bekannt, als dass ich es hier nochmals erzählen sollte. Der Knabe erhielt eine treffliche Erziehung unter der zielbewussten Leitung seines Vaters, eines Mannes von vielseitiger Bildung, der längere Zeit eine hervorragende Stellung am Hofe des Herzogs von Meiningen einnahm und in dieser vielleicht den ersten Anstoss zur Bildung der berühmten Bühnengesellschaft gegeben hat, deren Leistungen die Gegenwart bewundert. Der Vater schlug später seinen Wohnsitz in der Stadt Frankfurt auf, welche ihren hervorragenden Bürger, dem sie eine ganze Reihe gemeinnütziger Anstalten verdankt, durch Gründung einer Wöhler-Schule geehrt hat.

Gerade so wie sein grosser Zeitgenosse Liebig, so hat auch Wöhler bereits in frühester Jugend eine unverkennbare Vorliebe für die Naturwissenschaften bekundet, in denen er so Grosses vollbringen sollte. Seine Freude an der Oryktognosie wird durch die unermüdliche Sammellust bezeugt, welche ihn schon frühzeitig in den Besitz eines anerkennenswerthen Mineraliencabinets gesetzt hat. Kein Weg ist ihm zu weit, kein Berg zu hoch, keine Last zu schwer, wenn er Aussicht hat, seine Sammlung zu vervollständigen. Wir wissen aus seinem eigenen Munde, dass er manches Ränzlein voll selbst gesammelten Hyaliths von Frankfurt nach Hanau getragen hat, wo der berühmte Mineralienhändler Menge wohnte, mit dem er in lebhaftem Tauschverkehr stand. In Menge's Comptoir traf er eines Tages mit Goethe zusammen, dessen lebhaftes Interesse für schöne Mineralien den Eifer des Knaben für das mineralogische Studium womöglich noch erhöhte.

Unser junger Freund war mittlerweile in das Frankfurter Gymnasium eingetreten, an welchem damals eine Reihe ausgezeichneter Männer wirkte, wie Christian Schlosser, der Historiker, Georg Friedrich Grotefend, der Grammatiker, Carl Ritter, der Geograph. Wohl legten die zeitraubenden Schularbeiten, sowie die unausgesetzten Leibesübungen, auf die der Vater grosse Stücke hielt, den naturwissenschaftlichen Liebhabereien des Jünglings einige Beschränkung auf, allein sie wurden doch niemals völlig zur Seite gesetzt, zumal zwei

Hausfreunde der Wöhler'schen Familie, Hofrath Wichterich und Dr. Buch, dafür sorgten, dass das Feuer nicht erkaltete. In dieser Zeit waren es physikalische und chemische Erscheinungen, welche ihn zu interessiren begannen. Mit einer aus grossen russischen Kupfermünzen und Zinkplatten zusammengesetzten galvanischen Batterie gelang es, das Wasser zu zersetzen und physiologische Wirkungen hervorzubringen. Gern hätte er seine elektrische Säule auch zur Reduction des Kaliums, welches nicht lange vorher von Sir Humphry Davy entdeckt worden war, angewendet, dazu war sie aber zu schwach. Der junge Elektriker muss sich also schon entschliessen, den chemischen Weg zu betreten. Weniger glücklich als Liebig, dem das väterliche Laboratorium für seine jugendlichen Versuche zur Verfügung stand, ist er genöthigt, in das Heiligthum der Küche seiner Mutter einzudringen. Aber das Ergebniss übertrifft auch die kühnsten Erwartungen. Die Operation wird in einem Graphittiegel ausgeführt, welchen der befreundete Münzmeister Bunsen geschenkt hat; Wöhler's Schwesterlein arbeitet unverdrossen an dem der Münze entliehenen Blasebalge, und gross ist der Jubel des Geschwisterpaares, als die ersten Metallkügelchen in dem Tiegel aufblinken und einige, deren man habhaft wird, auf Wasser geworfen, mit violettem Lichte verbrennen.

Im Jahre 1820 bezog Wöhler die Universität Marburg. Er hatte sich für das Studium der Medicin entschieden, trieb aber nebenher mit besonderer Vorliebe Physik und Chemie. Da es zur Zeit in Marburg noch kein Universitätslaboratorium gab, so wurden die Versuche, nicht eben zu besonderer Genugthuung des Hauswirthes, in Wöhler's Stube angestellt. Der Hr. Studiosus bearbeitete schon damals das Gebiet der Cyanverbindungen, auf welchem er später seine reichsten Ernten erzielen sollte. In dem improvisirten Laboratorium machte er bereits einige ganz hübsche Entdeckungen: so beobachtete er unter Anderem, dass das Schwefelcyanquecksilber beim Erhitzen gewaltig aufschwillt, indem, wie er sich ausdrückt, wurmartige Gestalten zum Vorschein kommen. Dreissig Jahre später lebte diese Beobachtung in der uns Allen wohlbekannten Pharaoschlange wieder auf.

Schon nach Jahresfrist verliess der junge Student die Universität Marburg, um nach Heidelberg überzusiedeln. Dort trat er sofort in nähere Beziehung zu LEOPOLD GMELIN, der bald einen entscheidenden Einfluss auf seinen Lebensgang gewann. Nachdem er im Herbst 1823 sein medicinisches Doctorexamen *insigni cum laude* bestanden hatte, entschloss er sich in der That nach kurzem Bedenken GMELIN's Rath zu befolgen und zur Chemie überzugehen. Auch in Heidelberg hatte der angehende Mediciner Zeit gefunden, einige kleinere chemische Arbeiten, namentlich einige Versuche über die Cyansäure, auszuführen, welche als Vorläufer seiner berühmten Harnstoff-Untersuchung gelten können. Er wollte nunmehr noch einige Zeit in Heidelberg weiterarbeiten und sich alsdann dort als Privatdocent habilitiren. Allein GMELIN bestand darauf, dass er zur Vervollständigung seiner chemischen Ausbildung zuvor noch eine andere Universität besuche. In Deutschland war es aber mit dem Unterrichte in diesem Fache damals schwach bestellt und dem jungen Manne blieb nichts Anderes übrig, als an das Ausland zu denken. Als hervorragende Schule für die Naturwissenschaften im Allgemeinen musste noch immer die Metropole an der Seine gelten, insofern sich keine Stadt einer ähnlichen Plejade von Geistesheroen rühmen konnte. Aber schon richteten sich die Blicke nach dem vereinsamt arbeitenden schwedischen Forscher, dessen Genius die Chemie in neue Bahnen zu lenken begann. Während LIEBIG seinen Wissensdurst in der französischen Hauptstadt zu stillen hoffte, fühlte sich unser junger Freund mehr von dem nordischen Gestirne angezogen. Wir besitzen von seiner eigenen Hand ein reizendes Gedenkblatt, in dem er seinen Aufenthalt in Stockholm und seine Studienzeit unter den Auspicien von Berzelius schildert. In wunderbarer Frische treten uns Menschen und Dinge aus demselben entgegen, und mit gespanntem Interesse folgen wir unserem Gewährsmann, wenn er uns in die einfachen Arbeitsräume des grossen Meisters einführt, wenn er uns die fast dürftigen Geräthschaften aufzählt, mit denen so ausserordentliche Erfolge errungen worden sind. Meinen jungen Commilitonen zumal möchte ich empfehlen, dieses Gedenkblatt wieder und wieder zu lesen. Wir erfreuen uns mit vollem Rechte der herrlichen Tempel und Paläste, welche in den letzten Jahrzehenden an allen Hochschulen unseres Vaterlandes, insbesondere auch an der Georgia Augusta, der Wissenschaft erstanden sind, allein es ist nicht unerspriesslich, von Zeit zu Zeit daran erinnert zu werden, dass mit äusseren Mitteln nicht Alles erreicht werden kann, dass auch ohne dieselben eiserner Fleiss und unbeugsame Willenskraft zu den höchsten Leistungen befähigen.

In Stockholm hat sich Wöhler vorzugsweise mit Untersuchungen auf dem Gebiete der Mineralchemie beschäftigt, wobei ihm die grossen Arbeiten des Meisters über Fluorverbindungen, über Silicium und Bor, die damals gerade im Gange waren, als mustergültige Vorbilder dienten. Das Jahr, welches Wöhler in der Nähe des schwedischen Meisters zubrachte, hat er stets als eines der wichtigsten seines Lebens angesehen. Durch den persönlichen Verkehr im Laboratorium sowie durch eine längere mineralogische Reise, auf welcher Wöhler seinen Lehrer begleiten durfte, hatte sich zwischen den beiden so verschiedenalterigen Männern ein Freundschaftsverhältniss herausgebildet, welches bis zu Berzelius' Tode von Beiden auf das Innigste gepflegt worden ist.

Im Herbst 1824 kehrte Wöhler nach Deutschland zurück und verlebte den Winter im elterlichen Hause zu Frankfurt, emsig mit den Vorbereitungen zur Habilitation in Heidelberg beschäftigt. Hierzu kam es indessen nicht. In Folge einer Empfehlung Leopold v. Buch's, dem Wöhler als Entdecker des Kali-Kalk-Harmotoms bereits während seiner Studienzeit in Marburg vorgestellt worden war, ward unser Freund an die von dem Bürgermeister v. Bärensprung begründete städtische Gewerbeschule in Berlin berufen. Seltsam genug, die Arbeitsstätte — das sogenannte Fürstenhaus in der Kurstrasse —, welche ihm in seiner neuen Eigenschaft angewiesen ward, war dasselbe Laboratorium, in welchem der unglückliche Adept Graf Ruggiero als Gefangener während der letzten Jahre vor seiner Hinrichtung, mit dem Damoklesschwerte bereits über seinem Haupte, nach Gold gesucht hat, welches er nicht finden sollte.

Unter glücklicheren Auspicien bezog der junge Docent diese Arbeitsräume. In kurzer Frist war es möglich, dieselben so weit umzugestalten, dass sie sich dem Dienste der Wissenschaft anbequemten, und nun ward sofort Hand an's Werk gelegt. Wieder sind es die schon in Marburg begonnenen, in Heidelberg fortgesetzten und selbst in Stockholm nicht völlig zur Seite gelegten Studien über die Cyanverbindungen, welche den glücklicher Weise mit Unterricht nicht Ueberbürdeten beschäftigen, und in denselben Räumen, in denen thörichte Selbsttäuschung oder gewinnsüchtige Lüge jahrelang ein unerreichbares Phantom verfolgt hatten, erschliessen sich nun der selbstlos die Wahrheit anstrebenden Forschung Geheimnisse der Natur, in welche bisher kein Auge gedrungen war.

In der Periode, von der wir sprechen, hatte die Untersuchung der dem Organismus der Pflanze und des Thieres entstammenden Verbindungen schon erhebliche Fortschritte gemacht. Eine ganze Reihe vegetabilischer und animalischer Stoffe war bekannt; von vielen war mit Hülfe der allerdings noch sehr unvollkommenen analytischen Methoden die Zusammensetzung bereits ermittelt. Bei der Untersuchung der meisten dieser Körper hatte sich eine unverkennbare Uebereinstimmung der Eigenschaften mit denen der Mineralsubstanzen kundgegeben, — dieselben Aggregatzustände, dieselben Krystallformen, dieselben chemischen Charaktere. Eine capitale Verschiedenheit aber glaubte man zwischen den Verbindungen der organischen Natur und den Mineralkörpern festgestellt zu haben. Wenn man die Zusammensetzung einer Mineralsubstanz qualitativ und quantitativ erforscht hatte, so war es in der Regel auch gelungen, dieselbe aus ihren Bestandtheilen wieder zu erzeugen; der Analyse folgte auf dem Fusse die Synthese. Ganz anders die Körper, welche man dem Organismus der Pflanze und des Thieres entnommen hatte. Wie sorgfältig man sie zerlegt haben mochte, bislang waren alle Versuche gescheitert, sie aus ihren Elementen wieder zurückzubilden, und man hatte sich bereits an die Annahme gewöhnt, dass an ihrer Bildung ausser den im Mineralreiche wirksamen chemischen Thätigkeiten noch eine besondere Kraft, die Lebenskraft, wie man sie nannte, betheiligt sei.

Man muss sich in jene Periode zurückversetzen, um den Umschwung zu ermessen, welcher sich in den chemischen Anschauungen der Zeit zu vollziehen hatte, als der junge Docent an der Berliner Gewerbeschule der Welt verkündete, dass es ihm gelungen sei, eine Jedermann bekannte höchst wichtige thierische Materie, den Harnstoff, den man bislang nur in animalischen Secreten beobachtet hatte, aus seinen elementaren Bestandtheilen aufzubauen. Die erste organische Verbindung war ohne Mitwirkung der angeblichen Lebenskraft aus den Händen des Chemikers hervorgegangen, die Kluft zwischen der mineralischen und der organischen Chemie war überbrückt, und die Chemiker begannen schnell in dem neugewonnenen einheitlichen Lehrgebäude heimisch zu werden.

Es ist hier der Ort nicht, den Einfluss zu verfolgen, welchen die fundamentale Entdeckung Wöhler's auf den Fortschritt der Wissenschaft geübt hat; man kann sagen, dass die Synthese des Harnstoffs, welche wir Wöhler verdanken, die moderne Entwicklung der organischen Chemie wie ein rother Faden durchzieht.

War der junge Chemiker durch die Entdeckung der künstlichen Erzeugung des Harnstoffs mit einem Schlage in die Reihe der ersten Forscher des Jahrhunderts getreten, so brachte ihm die Untersuchung der Cyanverbindungen, welche diese Entdeckung veranlasst hatte, noch einen weiteren Gewinn, welchen er nicht aufgehört hat, zu den schönsten seines Lebens zu zählen.

Nahezu gleichzeitig mit den genannten Forschungen hatte der fast gleichalterige Liebig, in dem Laboratorium Gay-Lussac's in Paris arbeitend, die denkwürdige Untersuchung über die fulminirenden Metallverbindungen vollendet. Durch seine Versuche war die Thatsache festgestellt worden, dass das furchtbar explosive Knallsilber genau dieselbe Zusammensetzung besitzt wie das von Wöhler analysirte vollkommen harmlose Silbercyanat. Diese Uebereinstimmung, welche heute für uns nichts Befremdliches mehr hat, war damals angesichts der völlig verschiedenen Eigenschaften beider Körper in hohem Grade auffallend; auch glaubte Liebig eine Verschiedenheit in der Zusammensetzung annehmen zu müssen, und die von ihm wiederholte Analyse des cyansauren Silbers schien für diese Annahme zu sprechen. Die Folge war eine Controverse der beiden jungen Forscher, welche die Richtigkeit von Wöhler's Analyse unzweifelhaft bestätigte. Aber es war ein Streit ausgefochten worden, aus welchem Sieger und Besiegter gleichen Vortheil davontrugen. Die beiden Gegner hatten einander achten gelernt, und aus der Achtung erwuchs ein Freundschaftsbund, wie er selbstloser zwischen zwei dasselbe Feld Bestellenden, beglückender für die zu gemeinsamer Arbeit Ge-

DAS WÖHLER-DENKMAL

IN

GÖTTINGEN.

einten, fruchtbringender durch diese gemeinsame Arbeit, in der Geschichte der Wissenschaft nicht verzeichnet ist.

Wöhler hatte auch im Uebrigen alle Ursache, mit seinem Aufenthalte in Berlin zufrieden zu sein; derselbe hatte ihn in die Nähe von ausgezeichneten Männern, wie Leopold v. Buch und Alexander von Humboldt geführt. Auch stammen aus jener Zeit seine Beziehungen zu Mitscherlich, Poggendorff und Heinrich Rose, endlich sein lebenslanges schönes Freundschaftsverhältniss mit Gustav Magnus.

Die Stellung an der Gewerbeschule in Berlin erschien aber gleichwohl keine sichere Aussicht auf eine erwünschte Zukunft zu bieten. Auch gelangte seine Thätigkeit an derselben früher zu einem Abschlusse, als er selber erwartet haben mochte.

Während der furchtbaren Cholera-Epidemie, welche im Laufe des Sommers 1831 in Berlin wüthete, hatte Wöhler, der inzwischen in den Stand der heiligen Ehe getreten war, seine junge Frau zu ihren Eltern nach Cassel geflüchtet, wohin er ihr, sobald es seine amtlichen Verpflichtungen in Berlin erlaubten, gefolgt war. In Cassel beschäftigte man sich damals mit den Vorberathungen für die Begründung einer höheren Gewerbeschule, und man hatte bei denselben vielfach Gelegenheit gehabt, Wöhler's didaktische Ansichten zu hören. Die Folge war, dass ihm schliesslich die chemische Professur an der neuen Schule angetragen wurde.

Die äusseren Bedingungen der neuen Stellung konnten nicht schwer in's Gewicht fallen, denn sie gestalteten sich kaum vortheilhafter als die, welche ihm in Berlin gewährt worden waren; maassgebend für den Tausch scheinen einerseits zahlreiche Familienbeziehungen in Cassel gewesen zu sein, andererseits höchst angenehme collegiale Verhältnisse, in welche er eintrat — gleichzeitig mit ihm war sein Freund Heinrich Buff als Physiker berufen worden —, besonders aber die Aussicht, den freundschaftlichen Verkehr mit Liebig von Cassel ausser besser pflegen zu können. In der That beginnen in jener Zeit die grossen Arbeiten, mit denen die verbundenen Forscher die Wissenschaft bereichert haben. Auf Wöhler's Vorschlag wird die Untersuchung des Bittermandelöls und der Benzoësäure für eine erste gemeinsame Untersuchung gewählt. Noch ehe sie aber begonnen werden kann, wird Wöhler von einem schweren Schicksalsschlage betroffen; er verliert seine junge Gattin. Indessen Freundschaft und Arbeit, die getreuen Trostspenderinnen in der Stunde des Schmerzes, stehen dem fast Verzweifelnden zur Seite. Liebig verlangt gebieterisch eine sofortige zeitweise Uebersiedelung nach Giessen, und an dem gastlichen Herde des Freundes und in der gemeinsamen Forschung mit demselben findet der Schwergeprüfte allmählich seinen Lebensmuth wieder.

Während dieses Zusammenlebens wird die von Wöhler vorgeschlagene Untersuchung in Angriff genommen und, sagen wir sogleich, in fast beispiellos kurzer Zeit zu Ende geführt. Seit der Synthese des Harnstoffs war auf dem Gebiete der organischen Chemie keine ähnliche bahnbrechende Arbeit erschienen wie die klassische Untersuchung der Benzoylverbindungen, mit welchen uns Wöhler und Liebig beschenkt haben. Und wenn sich der im Bereiche der organischen Chemie Forschende auch heute, nach einem halben Jahrhunderte, des noch immer fortdauernden Einflusses dieser Arbeit auf die Weiterentwicklung der Wissenschaft in Dankbarkeit bewusst ist, so wird man sich die mächtige Wirkung vergegenwärtigen, welche sie auf die Zeitgenossen übte; ist sie doch von dem mit seinem Lobe nicht eben verschwenderischen nordischen Grossmeister der Chemie als die Morgenröthe eines neuanbrechenden Tages begrüsst worden!

Nach Cassel zurückgekehrt, beginnt Wöhler sich mit Eifer der neuen Schule zu widmen, welche er im Verein mit strebsamen, jungen Gelehrten, wie Heinrich Buff, dem Physiker, und Amandus Philippi, dem Zoologen, in kurzer Zeit zu erfreulicher Blüthe entfaltet. Auch bleibt ihm hinreichend Zeit für eigene Forschung, die sich nunmehr zumal auf dem Gebiete der unorganischen Chemie und der Mineralogie bewegt. Von einem Kreise treuer Freunde und liebevoller Verwandten umgeben, scheint Wöhler in Cassel eine in jeder Beziehung befriedigende Wirksamkeit gefunden zu haben. Der alte Wunsch, seine Thätigkeit einer deutschen Universität zu widmen, ist gleichwohl keineswegs aufgegeben; im Gegentheil, das Verlangen nach einem akademischen Wirkungskreise wird durch den häufigen Verkehr mit Liebig immer wieder neu geweckt. Doch auch dieses Verlangen sollte nicht allzulange auf Erfüllung warten. Im Herbst 1835 war der Lehrstuhl der Chemie an hiesiger Universität durch den Tod Friedrich Stromeyer's frei geworden. Bei der Wiederbesetzung dachte man zunächst an Leopold Gmelin, dessen Vater Stromeyer's Vorgänger in Göttingen gewesen war. Da sich dieser aber von Heidelberg nicht trennen wollte, so konnte, wie die Dinge damals lagen, nur von Wöhler und von Liebig die Rede sein. Man entschied sich schliesslich für Wöhler, welcher nicht zögert, die Professur anzunehmen. Im Frühjahr 1835 tritt er sein neues Amt an, und nun beginnt die ruhmreiche sich über ein halbes Jahrhundert erstreckende Wirksamkeit an der Georgia Augusta, deren Andenken wir heute dankbar durch Errichtung dieses Standbildes feiern.

Der nach Göttingen Uebergesiedelte hatte eine Lebensstellung gefunden, wie er sie schöner sich nicht hätte wünschen können. Die Wunde, die er Jahre lang im Herzen getragen, beginnt zu vernarben, auch an ihm hat die Zeit ihre Heilkraft erprobt. Ein neues Band ist geschlungen, eine beglückende Häuslichkeit erblüht an dem in der neuen Heimath wiederbegründeten Herde. Der in der Blüthe des Mannesalters Stehende, von freudiger Schaffenskraft Erfüllte hat schnell nach allen Richtungen hin Wurzeln geschlagen, schon nach kurzer Frist ist er mit den Spitzen der damaligen Göttinger Gelehrtenwelt in freundschaftlichen Verkehr getreten. Ich will nur Namen nennen wie BLUMENBACH, MARTIN LANGENBECK, CARL HIMLY, LUDWIG HAUSMANN, insbesondere aber WILHELM WEBER. Auch die veränderte Form des akademischen Unterrichts ist bald gefunden, ebenso bedarf es nur kurzer Zeit, um das Universitätslaboratorium nach dem Muster des LIEBIG'schen in Giessen umzugestalten. Schon ist WÖHLER wieder emsig mit chemischen Forschungen beschäftigt.

Am 26. October 1836 schreibt er in der ihm eigenthümlichen humoristischen Form an LIEBIG:

„Lieber Freund! Mir geht es wie einem Huhn, das ein Ei gelegt hat und darauf ein grosses Gagsen beginnt. Ich habe gefunden, wie man aus dem Amygdalin blausäurehaltiges Bittermandelöl machen kann, und wollte Dir die weitere Verfolgung dieser Sache zu einer gemeinschaftlichen Arbeit vorschlagen, da der Gegenstand innigst mit der Benzoyluntersuchung im Zusammenhange steht.“

Auf diesen Vorschlag geht LIEBIG bereitwillig ein. Das Ergebniss der Bemühungen der vereinten Freunde ist die Enträthselung eines bislang unverständlich gebliebenen Processes, welcher sofort einen willkommenen Lichtstrahl in das geheimnissvolle Dunkel der Gährungserscheinungen hineinwirft. Wenn wir heute den Duft der Spiraen künstlich bereiten, wenn wir das Aroma der Vanille auf chemischem Wege erzeugen, ja fabrikatorisch gewinnen, so wollen wir nicht vergessen, dass die von WÖHLER und LIEBIG aufgefundene Spaltung des Amygdalins in Zucker, Blausäure und Bittermandelöl für die genannten Processe ein Vorbild gewesen ist.

Die Schaffenskraft der Freunde scheint unerschöpflich zu sein; kaum ist seit Veröffentlichung der Untersuchung über das Bittermandelöl ein Jahr verflossen, und schon ist eine andere grosse gemeinschaftliche Arbeit in vollem Gange. Diesmal ist es die Harnsäure, welche zur Zeit noch ein fast ausschliesslich physiologisches Interesse besass. Erst Wöhler's und Liebig's Studien ihrer Metamorphosen haben den Chemikern gezeigt, welche wunderbare Fundgrube der mannichfaltigsten Verbindungen sie in dieser Materie besitzen. Wir dürfen hier die Schätze, die aus derselben gehoben worden sind, nicht im Einzelnen betrachten, wollen aber doch nicht unterlassen, des prachtvollen rothen Farbstoffes zu gedenken, dem die beiden Forscher bei dieser Arbeit begegneten und den sie, um an die Schnecke zu erinnern, aus welcher das Alterthum seinen tyrischen Purpur bereitete, mit dem Namen Murexid bezeichneten. Schon ward derselbe für Färbezwecke im Grossen dargestellt, als die ersten Anilinfarben auftauchten und die tinctorialen Industrieen schnell in andere Bahnen lenkten. Auch soll die Thatsache nicht unerwähnt bleiben, dass Wöhler im Laufe dieser Untersuchungen zum ersten Mal das Verfahren in Anwendung gebracht hat, chemische Reactionen bei hoher Temperatur in geschlossenen Gefässen unter Druck zu bewirken, ein Verfahren, welches noch heute alltäglich in unseren Laboratorien geübt wird und der Wissenschaft ebenso umfassende wie unerwartete Dienste geleistet hat. An die Harnsäureuntersuchung reihen sich zahlreiche andere gemeinschaftliche Arbeiten, von denen ich nur zwei, die über das Narkotin und die über die Aldehydbasen, besonders erwähnen will, nicht nur weil sie von nachhaltigem Einfluss auf den Fortschritt der Wissenschaft gewesen sind, sondern weil sie uns zumal auch einen erwünschten Einblick in den uneigennützigen Gedankenaustausch der beiden Freunde gewähren. Wenn der Eine einen guten Gedanken hat, so unterbreitet er ihn gewiss dem Andern mit dem Vorschlage zu gemeinsamer Bearbeitung, ehe er ihn selber weiterverfolgt. Oft genug aber wird mit dem Gedanken die demselben entsprossene Blüthe oder gar die reife Frucht mitgesendet, welche dann der so Beschenkte kaum annehmen will. So schreibt LIEBIG gelegentlich der Untersuchung über das Narkotin an WÖHLER: „Du hast mich in der Zwischenzeit wieder einige neue Entdeckungen mit der Opiansäure machen lassen und mich damit sehr beschämt.“ *En revanche* octroyirt LIEBIG dem Freunde bald darauf die Mitvaterschaft des Carbothialdins. Vergeblich protestirt WÖHLER: „Ich kann unmöglich darin einwilligen“, schreibt er, „das Deine Untersuchung über die Schwefelkohlenstoffbase von uns gemeinschaftlich publicirt werde, dass ich durch blosse Hinzufügung meines Namens zu dem Deinigen an einer Ehre theilnehme, die ich durchaus nicht verdient habe.“ Der Protest hilft aber nicht, die nächste Post bringt schon die Aushängebogen der Abhandlung.

Der jüngst veröffentlichte Briefwechsel zwischen LIEBIG und WÖHLER giebt Kunde von einer ganzen Reihe ähnlicher Züge aus der Zeit der gemeinschaftlichen Untersuchungen beider Freunde.

Allein wie ununterbrochen die Briefe zwischen Göttingen und Giessen hin- und herfliegen, jeden Fortschritt der gemeinsamen Arbeit meldend, beide Forscher verfolgen doch auch gleichzeitig ihre eigenen Wege. Die Zahl und Mannichfaltigkeit der Arbeiten WÖHLER's aus den ersten Jahrzehenden der Göttinger Periode ist wahrhaft staunenerregend. Verehrte Festgenossen! Ich weiss, ich muss mir die äusserste Beschränkung auferlegen, allein Sie wollen mir gleichwohl gestatten, auf einige dieser Arbeiten im Besonderen hinzuweisen. Wir wollen zunächst das Gebiet der organischen Chemie nicht verlassen. Eines der schönsten Ergebnisse der modernen chemischen Forschung ist zweifelsohne die künstliche Darstellung des Alizarins aus der Steinkohle, welche wir GRÄBE und LIEBERMANN verdanken. Wenn aber heute ausgedehnte Felder, welche früher dem Krappbau dienten, durch diese Entdeckung dem Anbau der Nährstoffe zurückgegeben sind, so brauche ich nur den Namen Chinon auszusprechen, um die Chemiker in dieser Versammlung daran zu erinnern, dass Wöhler eine der wichtigsten Vorarbeiten für diese Entdeckung, welche er so glücklich war noch zu erleben, geliefert hat. Noch viel directer ist Wöhler an einer anderen modernen Errungenschaft betheiligt. Unter den Heilmitteln, welche in letzter Zeit dem Arzneischatze zugeführt worden sind, ist kaum eines, welches die allgemeine Aufmerksamkeit mehr in Anspruch genommen hätte, als das *Cocaïn;* allein es ist nur Wenigen bekannt, dass es wieder Wöhler gewesen ist, welcher uns dieses mit so merkwürdigen physiologischen Eigenschaften begabte Alkaloïd zuerst näher kennen gelehrt hat.

Auch bleibt es unvergessen, dass Wöhler nicht nur durch die Synthese des Harnstoffs der hervorragende Pionier auf dem Gebiete der physiologischen Chemie geworden ist. Seine schon frühzeitig geäusserte Vermuthung, dass sich die Benzoësäure bei ihrem Durchgang durch den animalischen Organismus in Hippursäure verwandele, ist durch seine eigenen Versuche sowie die Anderer auf das Glänzendste bestätigt worden und hat der Chemie der Processe im Thierkörper, man kann wohl sagen, ein neues Feld gewonnen, welches heute mit eben so grossem Eifer als Erfolg angebaut wird.

Und wie im Bereiche der organischen Natur, so auf dem Gebiete der anorganischen Chemie. Die Zahl der Mineralanalysen, der Darstellungsmethoden, der neuentdeckten Verbindungen, welche wir ihm verdanken, ist Legion. Kein Element, sei es das bekannteste, sei es das seltenste, dem er nicht auf seinen ausgedehnten Forscherzügen begegnet wäre. Bei der unendlichen Mannichfaltigkeit, welche sich vor unseren Blicken ausbreitet, haftet das Auge nur schwer an der einzelnen Errungenschaft.

Einige der ganz hervorragenden Leistungen sollen aber doch, wenn auch nur im Fluge angedeutet werden. Das

Metall Aluminium hatte Wöhler bereits in Berlin aus der Thonerde abgeschieden. Das damals nur in Pulverform dargestellte wird nunmehr in Kugeln erhalten, und zwar nach einem Verfahren, welches schon nach wenigen Jahren von Ste. Claire Deville zur fabrikmässigen Gewinnung des Metalles angewendet wird; und es ist daher Wöhler ganz eigentlich der Vater der Aluminium-Industrie. Den Untersuchungen über das Aluminium reihen sich ähnlich umfassende über das Silicium an. Bei gemeinschaftlich mit Heinrich Buff angestellten Versuchen über die elektrische Leitungsfähigkeit eines siliciumhaltigen Aluminiumbarrens wird der selbstentzündliche Siliciumwasserstoff entdeckt. Man erhält diesen merkwürdigen Körper auf diese Weise nur in minimalen Quantitäten, aber schon nach kurzer Frist kann Wöhler eine mit C. A. Martius ausgearbeitete Methode veröffentlichen, welche erlaubt, Siliciumwasserstoff in beliebiger Menge zu bereiten. Auch das dem Silicium nahestehende Titan wird in den Kreis der Betrachtung gezogen; die Chemiker in dieser Versammlung denken sofort an die merkwürdige Entlarvung der rothen Titanwürfel, welche bislang für das Element gehalten worden waren. Weiter wird in Gemeinschaft mit Deville das Bor untersucht. Es zeigt die unerwartete Eigenschaft, sich mit dem Stickstoff der Atmosphäre direct zu verbinden. Weitere Versuche betreffen das Wolfram und Molybdän. Die seltsame Thatsache, dass sich bei der Berührung von Mangansuperoxyd und Wasserstoffsuperoxyd aus beiden Verbindungen Sauerstoff entwickelt, ist von Wöhler aufgefunden worden. Allein ich will in dieser hochansehnlichen Versammlung, von welcher, der Natur der Sache nach, die chemische Gemeinde nur einen Bruchtheil bildet, die Aufzählung von Entdeckungen nicht fortsetzen, deren volle Bedeutung sich eigentlich doch nur dem fachmännischen Verständnisse erschliesst, und lieber die Eindrücke sprechen lassen, welche dieser ununterbrochene Strom der schönsten chemischen

Experimentaluntersuchungen auf einige Zeitgenossen hervorbrachte, deren Competenz nicht in Zweifel gezogen wird. Hören wir, was der alternde Berzelius, der bereits aufgehört hat, sich selber an dem Weiterbau der Wissenschaft zu betheiligen, an Wöhler schreibt:

„Gleich einem alten herrschaftlichen Kutscher, der selbst nicht mehr fahren kann, sich aber freut, wenn er das Knallen der Peitschen Anderer hört, habe ich jedesmal eine grosse Freude daran, die Arbeiten aus Deinem Laboratorium zu lesen."

Denselben Gedanken, obwohl in ganz anderer Form, spricht Liebig aus. Wohl steht er noch wie Wöhler selber auf der Höhe schöpferischer Thätigkeit, allein er hat die Wege der frohen experimentalen Einzelforschung bereits verlassen, um seine ganze Kraft der Lösung von Problemen allgemeiner Art zu widmen.

„Ich bewundere Dich und Deine schönen Arbeiten" schreibt Liebig in einem aus München datirten Briefe, „wie glücklich bist Du auf Deinem Gebiete! . . . . . Du kommst mir vor, wie der Mann in dem indischen Märchen, aus dessen Munde, wenn er lachte, Rosensträusse fielen; ich bin mit den Landwirthen von dem Schicksal verdammt, Wasser in das Fass der Danaïden zu tragen."

Und gleichwohl bildet diese von Liebig so aufrichtig bewunderte experimentale Forschung nur einen Theil von Wöhler's umfangreicher Lebensarbeit. Es ist hier der Ort nicht, auf seine vielverzweigte literarische Thätigkeit näher einzugehen, wohl aber muss ich noch seiner, während so vieler Jahre mit nie erlahmender Ausdauer geübten Wirksamkeit als Lehrer im Besonderen gedenken. Kein Land, welches nicht wissensdurstige Jünglinge nach dem Göttinger Laboratorium entsendet hätte! Die von den Schülern dieses Laboratoriums unter Wöhler's Auspicien ausgeführten Untersuchungen würden gesammelt eine Reihe stattlicher Bände füllen. Und nach allen Richtungen der Windrose sind alsdann diese Wöhler'schen Schüler ausgezogen. Wie gross ihre Zahl, wie lebhaft ihre Dankbarkeit: das Standbild, zu dem wir aufblicken, kündet es in beredten Worten. Und in wie mannichfachen Lebensstellungen treten uns diese Schüler entgegen! Einige dem hohen Beispiele des Meisters folgend, als Forscher auf dem Gebiete der Naturerscheinungen thätig, Andere als Vorkämpfer unter den die Bewältigung der Materie für die Wohlfahrt der Menschheit Erstrebenden, wieder Andere bereits an hervorragender Stelle als Lehrer wirksam, — Alle aber emsig bemüht, dass sich die Ueberlieferung der Schule, die sie bildete, unversehrt erhalte, und dass die Leuchte, welche sie ihnen entzündete, in stets wachsenden Kreisen ihre Strahlen für und für entsende:

λαμπάδια ἔχοντες διαδώσουσιν ἀλλήλοις.

Wer sich die Aufgabe stellt, das Bild eines grossen Mannes, in wie flüchtigen Umrissen immer, zu entrollen, der darf sich nicht damit begnügen, den Lebensgang desselben geschildert und die Arbeit, die er im Dienste der Menschheit vollbracht hat, angedeutet zu haben; sein Bild wird erst Fleisch und Blut gewinnen, wenn es ihm gelingt, auch den Charakter des Mannes und sein Gebahren Menschen und Dingen gegenüber zur Anschauung zu bringen. Wie aber darf ich es wagen, eine solche Charakterschilderung an dieser Stelle auch nur zu versuchen, in dieser hochansehnlichen Festversammlung, in der ich so Viele erblicke, welche sich täglichen Umganges mit dem Manne erfreuten, welche im engsten collegialischen Verkehr mit ihm standen, welche sich seiner persönlichen Freundschaft rühmen durften? Wie viel besser würden sie im Stande sein, Zeugniss abzulegen von der Reinheit seines Lebens, von der Hochherzigkeit seiner Gesinnungen, von der Liebenswürdigkeit seines Wesens, als derjenige, welcher fern von ihm wohnend nur selten Gelegenheit fand, ihn von Angesicht zu Angesicht zu begrüssen. Er möchte aber gleichwohl nicht schliessen, ohne dem grossen

Forscher auch nach dieser Richtung hin den Tribut seiner verehrungsvollen Bewunderung gezollt zu haben. Glücklicherweise hat uns der Gefeierte des Tages in dem bereits mehrfach erwähnten Briefwechsel mit LIEBIG Einblicke, man könnte sagen, in die verborgensten Falten seines Herzens gestattet, welche wohl geeignet sind, die dem persönlichen Umgang entspringende Kenntniss zu ersetzen.

Die Grundzüge von WÖHLER's Charakter waren unbestechliche Wahrhaftigkeit und ächte Menschenliebe. Wer sich in seine wissenschaftliche Thätigkeit vertieft, der erkennt sofort, dass er überall ängstlich bestrebt ist, der Wahrheit die Ehre zu geben, und wie er sich niemals für eine Ansicht ausspricht, ohne die Frage nach allen Richtungen hin auf das Reiflichste erwogen zu haben. Hat er sich gleichwohl geirrt, so ist er gewiss der Erste, welcher die Berichtigung, von welcher Seite sie ihm werde, willkommen heisst.

Und dieselbe Wahrheitstreue, an welcher er im Dienste der Wissenschaft festhält, ist ihm auch Richtschnur im Verkehr mit den Menschen. In diesem Verkehr bekundet sich wohlthuend überdies seine unverfälschte Nächstenliebe. Er kennt keine grössere Freude, als seinen Mitmenschen nützlich zu sein. Wohl ist kaum je ein Sorgebeladener unberathen, ein Hülfesuchender mit leeren Händen von ihm weggegangen. Nichts ist peinlicher, als einen Anderen auch nur mit einem Worte zu verletzen. Viel lieber will er Unrecht über sich ergehen lassen.

Man begreift, wie Viele bestrebt gewesen sind, die Freundschaft eines solchen Mannes zu gewinnen. WÖHLER war nicht eben freigebig mit derselben; gleichwohl hatte sich nachgerade ein herrlicher Freundeskreis um ihn gesammelt. Namen wie CASPAR VON SIEBOLD, CONRAD FUCHS, RUDOLF WAGNER, SARTORIUS VON WALTERSHAUSEN, WILHELM BAUM, JACOB HENLE, AUGUST GRISEBACH, EWALD HASSE und JULIUS RIPPENTROP sind in Göttingen unvergessen. Die Verbindung mit den nicht in Göttingen wohnenden Freunden vermittelte ein lebhafter Briefverkehr, so mit Hermann Kopp, den wir glücklich sind unter den Lebenden zu wissen, so mit Heinrich Buff, so vor Allem mit Justus Liebig. Aus dem Briefwechsel mit Letzterem tritt uns das Bild Wöhler's ebenso wie das seines Freundes in willkommener Naturtreue entgegen. Wie fühlen wir uns gehoben, wenn wir erfahren, wie diese Männer von der Freundschaft dachten, wie sie die Freundschaft übten! Hören wir, wie Liebig, schon von Todesgedanken umschattet, in einem Briefe an Wöhler dieses Freundschaftsbündnisses gedenkt:

> „Ich kann das Jahr nicht ablaufen lassen", schreibt Liebig, „ohne Dir noch ein Zeichen meiner Fortexistenz zu geben und die herzlichsten Wünsche für Dein und der Deinigen Wohl im neuen Jahre auszusprechen. Lange werden wir uns Glückwünsche zu neuen Jahren nicht mehr senden können; aber auch wenn wir todt und längst verwest sind, werden die Bande, die uns im Leben vereinigten, uns beide in der Erinnerung der Menschen stets zusammenhalten, als ein nicht häufiges Beispiel von zwei Männern, die treu, ohne Neid und Missgunst in demselben Gebiete rangen und stritten und stets in Freundschaft eng verbunden blieben."

Noch ganz erfüllt von diesen schönen Worten, sind wir freudig bewegt, dass es uns schon heute vergönnt ist, Zeugen ihrer glänzenden Bewahrheitung zu sein. Wissen wir doch, wir, die das Standbild des einen der Freunde an den Ufern der Leine Enthüllenden, dass erst vor wenigen Tagen noch auch dem anderen Freunde in der hessischen Lahnstadt ein Denkmal erstanden ist.

Der vielerwähnte Briefwechsel ist überhaupt eine unerschöpfliche Quelle der Belehrung; nicht nur führt er uns über das langgestreckte Arbeitsgebiet des grossen Forschers, nicht nur enthüllt er uns auf jeder Seite den liebenswürdigen Charakter des edlen Menschen, er zeigt uns denselben auch im Alltagsgewand; wir erfahren seine Gewohnheiten, wir werden in seine Herzensgeheimnisse, in seine Hoffnungen und seine Sorgen eingeweiht, wir lernen die ganze Lebensauffassung des Mannes kennen.

Wie tritt uns aus demselben zumal auch die lebhafte Bewunderung entgegen, von der er sich stets beim Anblick der Natur ergriffen fühlt — ob er ihre Kundgebungen im Kleinen, ob im Grossen beobachte! Die Briefe an Liebig zeigen uns, wie freudig bewegt er die Erscheinungen verfolgt, welche ein gelungener Versuch zur Anschauung bringt, mit welcher Lust er die prachtvollen Erzstufen und die schöngebildeten Krystalle seiner Mineraliensammlung betrachtet, wir belauschen ihn, wie er stundenlang nicht müde wird, seine Meteorite, jene geheimnissvollen Trümmer verschollener Weltkörper, durch die Hände gleiten zu lassen; aber auch von der neunblätterigen Musa bekommen wir zu hören, welche, ein Geschenk der Stadt Göttingen an ihren Ehrenbürger, die Sonnenseite seines Arbeitstisches überwölbt, von der Akazie in seinem Garten, welche ihren Blüthenduft in sein Studirzimmer entsendet, und von der kleinen Sängerin, welche in den Zweigen derselben ihr Frühlingslied ertönen lässt. Oder die Briefe geben Kunde von den Eindrücken, welche er in sich aufnimmt, wenn er in einsamem Gebirgsthal oder an ferner Felsenküste Erholung sucht, und wie nehmen alsdann seine Worte einen fast dithyrambischen Schwung an, wenn er dem Freunde die Begeisterung schildert, welche die Erhabenheit der Alpenwelt, welche die Herrlichkeit des Meeres in ihm wachruft!

Verehrte Festgenossen! Wir stehen vor dem Bilde eines ganzen Mannes. Ob wir zu der Reihe grosser Entdeckungen aufblicken, welche die Wissenschaft seinen Arbeiten verdankt, ob wir seiner ununterbrochen geübten Lehre gedenken, ob wir ihn in seine Beziehungen zu den Angehörigen, zu den Schülern, zu den Freunden, zu der Welt begleiten, ob wir ihm nachgehen, wenn er sich in freudige Bewunderung der Natur vertieft, überall empfangen wir den wohlthuenden Eindruck einer allseitig harmonisch entwickelten Persönlichkeit, und wohl dürfen wir jubelnd in die Worte mit einstimmen, in denen die Schüler, die Freunde, die Fachgenossen ihren Gefühlen Ausdruck liehen, als sie ihm auf der Schwelle des 81. Jahres ihre Glückwünsche darbrachten:

> „Wir bewundern in ihm den Forscher, wir verehren in ihm den Lehrer; aber es giebt noch einen Ruhm, der selbst über den Ruhm der wissenschaftlichen That und der segensreichen Lehrthätigkeit hinausreicht: es ist dies der Ruhm des hochherzigen Mannes. Auch mit diesem Ruhmeskranze ist seine Schläfe umwunden. Die gewonnene Ansicht ohne Rückhalt und ohne Scheu vertretend, aber gleichwohl lieber selber Unbill erduldend als Andern Wunden schlagend, fremdes Verdienst stets über das eigene stellend und fremden Erfolges wie des eigenen sich freuend, Schülern und Freunden mit offener Hand aus dem reichen Schatze seiner Erfahrung spendend, hat er durch sein Leben das Ideal des erobernden Forschers, des weithin wirkenden Lehrers und des edelsinnigen Mannes verkörpert.“

Noch hab' ich, verehrte Festgenossen, eine willkommene Pflicht zu erfüllen. Ich bin von dem Vorstande der Deutschen chemischen Gesellschaft mit dem Auftrage betraut, unseren wärmsten Dank all' Denen auszusprechen, die sich, in welcher Weise immer, um das Wöhler-Denkmal verdient gemacht haben. Dieser Dank gehört in erster Linie dem trefflichen Künstler Hrn. Hartzer, der uns in kürzester Frist die schöne Statue Wöhler's geschaffen hat, er gehört den Mitgliedern des Göttinger Local-Comité's, deren thatkräftige Mitwirkung der Denkmalbewegung in so hohem Grade zu statten gekommen ist, er gehört insbesondere auch der unermüdlichen Ausdauer, welche die beiden Herren Schatzmeister, die Herren Dr. Holtz und Dr. Pauer, dem Gelingen des Werkes gewidmet haben, wir schulden ihn endlich den Schülern und Freunden allen, diesseits und jenseits des Oceans, welche ihren Obolos für das Denkmal des Lehrers, des Freundes gesendet haben.

Es bleibt mir nunmehr nur noch übrig, den hohen Behörden der Universität und der Stadt die Schenkungsurkunde einzuhändigen.

Bei Ihnen, Magnificenz, und bei Allen, die Sie in Ihrem hohen Amte ablösen werden, sind wir gewiss, jederzeit sorgliche Pflege des Standbildes eines Gelehrten zu finden, welcher während eines halben Jahrhunderts der Georgia Augusta den Glanz seines Namens geliehen hat.

Ihnen, hochverehrter Herr Ober-Bürgermeister, brauche ich das Denkmal nicht noch besonders an's Herz zu legen. Wenn Sie den Forscher bewunderten, wenn Sie den Ehrenbürger der Stadt Göttingen hochschätzten, so gehörte Ihre Liebe überdies dem Vater Ihrer Gattin. In der Doppelhut der akademischen und der städtischen Behörde sicher geborgen, wird die Wöhler-Statue, so hoffen wir, den Stürmen der Jahrhunderte trotzen, den Commilitonen allen, welche im Wechsel der Zeiten die Stufen dieses Tempels der Wissenschaft emporschreiten, ein unwandelbares Wahrzeichen selbstloser Hingebung im Dienste der Lehre, ein unvergängliches Denkmal ruhmvoller Arbeit in Erforschung der Wahrheit!

Anhang.

JUSTUS von LIEBIG.

Eigenhändige biographische Aufzeichnungen.[1]

Mitgetheilt von Dr. Georg Frhrn. von Liebig.

Mein Vater, der einen Handel mit Farbwaaren hatte, beschäftigte sich häufig damit, manche von den Farben, die er in seinem Geschäfte führte, selbst zu machen, und er hatte sich dazu ein kleines Laboratorium angelegt, zu welchem ich Zutritt hatte, da ich zuweilen die Gunst genoss, ihm als Handlanger zu dienen.

Seine Versuche machte er nach Vorschriften in chemischen Werken, welche aus der reichen Hofbibliothek mit grosser Liberalität leihweise an die Bewohner Darmstadts abgegeben wurden.

Das lebhafte Interesse, das ich an den Arbeiten meines Vaters nahm, führte mich von selbst auf das Lesen der Bücher, die ihn in seinen Versuchen leiteten, und es entwickelte sich allmählich in mir eine solche Leidenschaft für diese Bücher, dass ich gegen alles Andere, was sonst Kinder anzieht, wie abgestumpft wurde.

Da ich mir nicht nehmen liess, die Bücher in der Hofbibliothek selbst zu holen, so wurde ich mit dem Bibliothekar Hess bekannt, der sich mit Botanik mit Erfolg beschäftigte, und da er an dem kleinen Burschen Gefallen fand, so bekam ich durch ihn alle Bücher, die ich nur haben mochte, für meinen

---

[1] Vergl. Berichte d. D. chem. Gesellschaft XXIII, 785.

eigenen Gebrauch; das Lesen der Bücher ging natürlich ohne irgend eine Ordnung vor sich; ich las die Bücher, wie sie eben auf den Brettern aufgestellt waren; von unten nach oben, von rechts nach links war mir ganz gleichgültig; für ihren Inhalt war mein vierzehnjähriger Kopf wie der Magen eines Strausses, und es fanden darin die zweiunddreissig Bände von MACQUER's chemischem Wörterbuch, der Triumphwagen des ANTIMONII VON BASILIUS VALENTINUS, STAHL's phlogistische Chemie, Tausende von Aufsätzen und Abhandlungen in GÖTTLING's und GEHLEN's Zeitschriften, die Werke von KIRWAN, CAVENDISH u. s. w. ganz gemüthlich Platz nebeneinander.

Ich bin ganz gewiss, dass diese Art zu lesen mir in Beziehung auf den Erwerb von positiven Kenntnissen keinen besonderen Nutzen brachte, allein es entwickelte in mir die Anlage, welche den Chemikern mehr wie andern Naturforschern eigen ist, nämlich in Erscheinungen zu denken; es ist nicht ganz leicht, eine klare Vorstellung Jemandem davon zu geben, der das, was er sieht oder hört, in seiner Phantasie nicht bildlich wieder gestalten kann, wie dies z. B. bei dem Dichter und Künstler geschieht; am nächsten grenzt daran das eigenthümliche Vermögen des Tondichters, der beim Componiren in Tönen denkt, welche ebenso gesetzlich zusammenhängen, wie die logisch geordneten Begriffe in einem Schluss oder einer Reihe von Schlüssen; es ist bei dem Chemiker eine Form des Denkens, bei welcher alle Gedanken sich sinnlich wahrnehmbar machen lassen, wie der Ton in einem gedachten Tonstücke. Diese Denkform findet sich z. B. bei FARADAY im eminentesten Grade entwickelt, woher es kommt, dass seine wissenschaftlichen Arbeiten dem, welcher diese Art des Denkens nicht kennt, dürr und trocken und als eine zusammengehäkelte Reihe von Versuchen erscheinen, während sein mündlicher Vortrag, wenn er unterrichtet oder erklärt, geistreich, elegant und von bewundernswürdiger Klarheit ist.

Die Anlage, in Erscheinungen zu denken, kann sich natürlich nur ausbilden, wenn die Sinne fortwährend geübt werden, und bei mir geschah dies, indem ich alle Versuche, deren Beschreibung ich in den Büchern las, soweit eben meine Mittel reichten, zu produciren suchte: diese Mittel waren sehr beschränkt, und so kam es denn, dass ich um meine Neigung zu befriedigen, die Versuche die ich eben machen konnte, unzählige Male wiederholte, bis ich an dem Vorgange nichts Neues mehr sah, oder bis ich die Erscheinung, die sich darbot, nach allen Seiten hin genau kannte. Die natürliche Folge davon war die Entwickelung eines Gedächtnisses der Sinne, namentlich des Gesichts, eine scharfe Auffassung der Aehnlichkeit oder Verschiedenheit eines Dinges oder einer Erscheinung, welche mir später sehr zu statten kam.

Man wird dies leicht verstehen, wenn man sich z. B. einen weissen oder gefärbten Niederschlag vorstellt, der durch Zusammenbringen zweier Flüssigkeiten entsteht; er bildet sich sogleich oder erst nach einiger Zeit, er ist wolkig oder von käsiger oder gelatinöser Beschaffenheit, sandig, krystallinisch, matt, glänzend, er setzt sich leicht oder langsam ab u. s. w., oder wenn er gefärbt ist, so hat er einen gewissen Farbenton; unter den unzähligen weissen Niederschlägen hat jeder etwas ihm Eigenes, und wenn man in dieser Art von Erscheinungen einige Uebung hat, so weckt in einer Untersuchung das, was man sieht, sogleich die Erinnerung an das, was man gesehen hat. Was das Gesichts- oder Augengedächtniss betrifft, so wird man an folgendem Beispiel erkennen, was ich darunter meine.

In unserer gemeinschaftlichen Untersuchung über die Harnsäure schickte mir Wöhler eines Tages einen krystallinischen Körper zu, den er durch Einwirkung von Bleisuperoxyd auf die Säure erhalten hatte; ich schrieb ihm unmittelbar darauf, und zwar sehr erfreut und ohne den Körper analysirt zu haben, dass es Allantoïn sei; ich hatte sieben Jahre vorher diesen

Körper in Händen gehabt, er war mir von CHR. GMELIN zur Untersuchung zugeschickt worden, und ich hatte eine Analyse desselben in POGGENDORFF's Annalen veröffentlicht; seit dieser Zeit hatte ich ihn nicht wieder gesehen.

Als wir aber den Stoff aus der Harnsäure analysirt hatten, so zeigte sich ein Unterschied im Kohlenstoffgehalte; der neue Körper gab $1^1/_2$ pCt. Kohlenstoff weniger, und da der Stickstoff nach der qualitativen Methode bestimmt worden war, eine entsprechende Stickstoffmenge mehr; hiernach konnte es unmöglich Allantoïn sein. Ich traute aber meinem Augengedächtniss mehr, als meiner Analyse, und war ganz sicher, dass es Allantoïn sei, und es handelte sich jetzt darum, den Rest des früher analysirten aufzufinden, um dieses auf's Neue zu analysiren; ich konnte das kleine Gläschen, worin er war, mit solcher Genauigkeit beschreiben, dass es meinem Assistenten zuletzt gelang, es unter ein paar Tausend anderer Präparate aufzufinden; es sah genau so aus, wie unser neuer Körper, allein die Betrachtung unter der Lupe ergab, dass GMELIN bei der Darstellung seines Allantoïns dasselbe mit thierischer Kohle gereinigt hatte, von der etwas beim Filtriren durch das Papier gegangen, sich den Krystallen beigemengt hatte.

Ohne die volle Ueberzeugung von der Identität beider Körper, die ich hatte, wäre das aus der Harnsäure künstlich erzeugte Allantoïn unzweifelhaft als ein neuer Körper angesehen und mit einem neuen Namen belegt worden, und eine der interessantesten Beziehungen der Harnsäure zu einem der Bestandtheile des Harns des Fötus der Kuh wäre auf lange hin vielleicht unbeachtet geblieben.

In dieser Weise kam es, dass Alles, was ich sah, absichtlich oder unabsichtlich mit gleichsam photographischer Treue in meinem Gedächtniss haften blieb; bei einem nahen Seifensieder sah ich das Seifekochen und lernte, was der „Kern“ und das „Schleifen“ sei, und wie man weisse Seife mache, und ich hatte nicht wenig Vergnügen, als es mir gelang, ein Stück Seife aus meiner Fabrik mit Terpentinöl parfümirt zu präsentiren; in allen Werkstätten der Gerber und Färber, der Schmiede und Messinggiesser war ich zu Hause, und jeder Handgriff mir geläufig; auf dem Markte in Darmstadt sah ich einem herumziehenden Händler mit Allerlei ab, wie er Knallsilber zu seinen Knallerbsen machte. An den rothen Dämpfen, die sich bildeten, als er sein Silber auflöste, sah ich, dass er Salpetersäure dazu nahm und dann eine Flüssigkeit, mit der er den Leuten schmutzige Rockkrägen reinigte, und die nach Branntwein roch.

Dass ich bei dieser Geistesrichtung in der Schule sehr kläglich bestand, begreift sich leicht; ich hatte kein Gehörgedächtniss, und nichts oder sehr wenig von dem, was man durch diesen Sinn lernt, blieb bei mir haften; ich befand mich in der unbehaglichsten Lage, in der ein Knabe nur sein kann; die Sprachen und Alles, was man damit aufnimmt und in der Schule an Lob und Ehre erwirbt, waren mir so gut wie verschlossen, und als einst der ehrwürdige Rector des Gymnasiums (Zimmermann) bei seiner Visitation meiner Klasse auch an mich kam und mir die eingreifendsten Vorstellungen über meinen Unfleiss machte, wie ich die Plage meiner Lehrer und der Kummer meiner Eltern sei, und was ich denn dächte, was einst aus mir werden sollte, und ich ihm zur Antwort gab, dass ich ein Chemiker werden wolle, da brach die Schule und der gute alte Mann selbst in ein unauslöschliches Gelächter aus, denn Niemand hatte eine Vorstellung damals davon, dass die Chemie etwas sei, was man studiren könne. Da die gewöhnliche Laufbahn eines Gymnasiasten mir nicht offen stand, so brachte mich mein Vater zu einem Apotheker nach Heppenheim an der hessischen Bergstrasse, der mich aber nach zehn Monaten so müde war, dass er mich meinem Vater wieder nach Hause schickte; ich wollte ein Chemiker, aber kein Apotheker werden. Diese zehn Monate genügten aber, um mir eine vollkommene Kenntniss von den tausenderlei Dingen zu verschaffen, die man in einer Apotheke hat, sowie von ihrem Gebrauch und ihren vielerlei Anwendungen.

In dieser Weise mir selbst überlassen, ohne Rath und Richtung, wurde ich sechzehn Jahre alt, und mein unablässiges Drängen veranlasste zuletzt meinen Vater, mir die Erlaubniss zu dem Besuche der Universität Bonn zu geben; von da folgte ich dem dortigen Professor der Chemie, KASTNER, der einen Ruf nach Bayern erhalten hatte, nach Erlangen.

Es war damals an der neu errichteten Universität Bonn ein ausserordentlich reges wissenschaftliches Leben aufgegangen, aber in den Fächern der Naturwissenschaften wirkte die ausgeartete philosophische Forschung, wie sie in OKEN und schlimmer noch in WILBRAND sich verkörpert hatte, auf das Schädlichste ein, denn sie hatte in dem Vortrag und Studium zu einer Nichtachtung der nüchternen Naturbeobachtung und des Experimentes geführt, die für viele begabte junge Männer verderblich wurde. Von dem Katheder herab empfing der Zuhörer eine Fülle geistreicher Anschauungen, aber körperlos wie sie waren, konnte man damit nichts machen. Der Vortrag von KASTNER, welcher als der berühmteste Chemiker galt, war ungeordnet, unlogisch und ganz wie die Trödelbude voll Wissen beschaffen, die ich in meinem Kopfe herumtrug. Die Beziehungen, die er zwischen den Erscheinungen auffand, waren etwa nach folgendem Muster:

„Der Einfluss des Mondes auf den Regen sei klar, denn sobald der Mond sichtbar sei, hörten die Gewitter auf; oder der Einfluss der Sonnenstrahlen auf das Wasser zeige sich an dem Steigen des Wassers in den Gruben der Bergwerke, von denen manche im hohen Sommer nicht bearbeitet werden könnten;“ dass man den Mond sieht, wenn die Gewitter sich verzogen haben, und dass das Wasser in den Gruben steigt, wenn im Sommer die Bäche versiegen, welche die Pumpen treiben, war natürlich eine für einen geistreichen Vortrag zu plumpe Erklärung.

Es war damals in der Chemie eine recht elende Zeit in Deutschland. An den meisten Universitäten bestand kein eigener Lehrstuhl für Chemie, sie wurde in der Regel einem Professor der Medicin zugetheilt, der sie neben den Fächern der Toxikologie, Pharmagnosie, praktischen Medicin, Pharmacie, so viel er eben davon wusste, vortrug, und dies war wenig genug. Noch viele Jahre nachher war in Giessen die descriptive und vergleichende Anatomie, Physiologie, die Zoologie, Naturgeschichte und Botanik in einer einzigen Hand.

Während die Arbeiten des grossen schwedischen Chemikers, der englischen und französischen Naturforscher, von H. Davy, von Wollaston, Biot, Arago, Fresnel, Thenard, Dulong ganz neue Gebiete der Forschung aufschlossen, fanden alle diese unermesslichen Erwerbungen in Deutschland keinen Boden, den sie hätten befruchten können. Langwierige, den Wohlstand der Bevölkerung untergrabende Kriege, äusserer politischer Druck hatten die Verödung unserer Universitäten nach sich gezogen und viele Jahre hindurch die Menschen mit quälenden Sorgen erfüllt und ihre Wünsche und Kräfte ganz anderen Richtungen zugelenkt; der nationale Geist hatte seine Freiheit und Unabhängigkeit in ideale Gebiete geflüchtet und in vieler Beziehung durch die Zerstörung des Autoritätsglaubens, namentlich in der Medicin und Philosophie segensreich gewirkt; allein er hatte in der Physiologie seine natürlichen Schranken durchbrochen und sich weit hinaus über die Erfahrung verirrt. Man hatte das Ziel der Wissenschaft, und dass sie nur Werth habe, wenn sie dem Leben nütze, beinahe aus den Augen verloren, und man gefiel sich in einer idealen Welt, die mit der wirklichen in keinem Zusammenhang mehr stand.

Es galt beinahe für eine erniedrigende und einem Gebildeten unanständige Gesinnung, zu glauben, dass in dem Leibe eines lebendigen Wesens die rohen und gemeinen unorganischen Kräfte eine Rolle spielten. Man war mit dem Leben und allen seinen Aeusserungen und Bedingungen ganz im Reinen; die Naturerscheinungen waren mit sauberen schmucken Kleidern angethan, von geistreichen Männern zugeschnitten und zusammengemacht, und dies nannte man philosophische Forschung. Der Experimental-Unterricht in der Chemie war auf den Universitäten beinahe untergegangen und nur durch die hochgebildeten Pharmaceuten Klaproth, Hermbstädt, Valentin Rose, Trommsdorff, Buchholz hatte er sich, freilich in einem anderen Gebiete, erhalten.

Ich erinnere mich, dass mir sehr viel später noch Professor Wurzer, der den Lehrstuhl der Chemie in Marburg bekleidete, eine alte hölzerne Tischschublade zeigte, in welcher das Vermögen wohnte, von drei zu drei Monaten Quecksilber zu erzeugen; er besass einen Apparat, dessen Hauptbestandtheil ein langer thönerner Pfeifenstiel war, mit dem er Sauerstoffgas in Stickstoff verwandelte; der poröse Pfeifenstiel wurde nämlich zwischen Kohlen glühend gemacht und Sauerstoff durchgeleitet.

Chemische Laboratorien, in welchen Unterricht in der Analyse ertheilt wurde, bestanden damals nirgendwo; was man so nannte, waren eher Küchen, angefüllt mit allerlei Oefen und Geräthen zur Ausführung metallurgischer oder pharmaceutischer Processe. Niemand verstand eigentlich die Analyse zu lehren.

Ich folgte später Kastner nach Erlangen, da er mir versprochen hatte, einige Mineralien mit mir zu analysiren; er wusste es aber leider selbst nicht, und niemals führte er eine Analyse mit mir aus. Der Vortheil, den ich durch meinen Aufenthalt in Bonn und Erlangen durch den Verkehr mit anderen Studirenden gewann, war das Bewusstsein meiner Unwissenheit in sehr vielen Dingen, die sie von der Schule mit auf die Universität brachten, und da mir die Chemie keine

Arbeit machte, so gingen alle meine Anstrengungen in dem Nachholen der früher vernachlässigten Schulkenntnisse auf.

In Bonn und Erlangen nun vereinigte sich eine kleine Anzahl von Studirenden mit mir zu einem chemisch-physikalischen Vereine, in welchem jedes Mitglied abwechselnd einen Vortrag über die Fragen des Tages zu halten hatte, welcher natürlich nur in einem Berichte über die Gegenstände der Abhandlungen bestand, welche in den Journalen von GILBERT und SCHWEIGGER monatlich erschienen.

In Erlangen zogen mich SCHELLING's Vorträge eine Zeit lang an; allein SCHELLING besass keine gründlichen Kenntnisse in den Fächern der Naturwissenschaft und das Einkleiden der Naturerscheinungen in Analogien und in Bilder, was man Erklären nannte, sagte mir nicht zu.

Ich kam nach Darmstadt zurück mit der vollen Ueberzeugung, dass ich meine Ziele in Deutschland nicht erreichen könne.

Die Abhandlungen von BERZELIUS, namentlich die bessere Uebersetzung seines Handbuchs, welche damals sich verbreitete, waren wie Erquickungen in einer dürren Wüste.

MITSCHERLICH, H. ROSE, WÖHLER, MAGNUS waren damals nach Stockholm zu BERZELIUS gegangen, allein Paris bot mir in sehr vielen anderen Zweigen der Naturwissenschaft, namentlich der Physik, Mittel zum Unterrichte dar, wie sie sich an keinem anderen Orte vereinigt fanden. Ich fasste den Entschluss, nach Paris zu gehen, ich war damals $17^1/_2$ Jahre alt. Meine Reise nach Paris, die Art und Weise, wie ich mit THENARD, HUMBOLDT, DULONG und mit GAY-LUSSAC in Berührung kam, und wie diese Männer dem Knaben ihre Neigung zuwandten, grenzt an das Fabelhafte und gehört auch nicht hierher. Ich habe später sehr häufig die Erfahrung gemacht, dass ein ausgesprochenes Talent bei allen Menschen, ich glaube, ich kann sagen ohne Ausnahme, eine unwiderstehliche Begierde erweckt, es zur Entwickelung zu bringen, Jeder hilft in seiner Weise und Alle zusammen, wie wenn sie sich mit einander verabredet hätten, dass aber das Talent nur dann Erfolge erringt, wenn es sich mit einem festen unerschütterlichen Willen vereinigt findet; die äusseren Hindernisse seiner Entfaltung sind in den meisten Fällen sehr viel geringer, als die, welche in dem Menschen selbst liegen, denn so wie eine Naturkraft, wie mächtig sie auch sei, niemals für sich allein eine Wirkung hervorbringt, sondern immer nur im Vereine mit anderen Kräften, so kann ein Mensch das, was er ohne Mühe lernt, oder geistig erwirbt, wozu er, wie man sagt, eine natürliche Anlage hat, nur dann verwerthen, wenn er noch sehr vieles Andere dazu lernt, was ihm zu erwerben mehr Mühe vielleicht noch wie Anderen macht.

Lessing sagt, dass das Talent wesentlich Wille und Arbeit sei, und ich bin sehr geneigt, ihm beizustimmen.

Die Vorträge von Gay-Lussac, Thenard, Dulong u. s. w. in der Sorbonne hatten für mich einen unbeschreiblichen Reiz; die Einführung der astronomischen oder mathematischen Methode in die Chemie, welche jede Aufgabe womöglich in eine Gleichung verwandelt und bei jeder gleichförmigen Aufeinanderfolge zweier Erscheinungen einen ganz bestimmten causalen Zusammenhang annimmt, welcher, nachdem er aufgesucht und aufgefunden ist, „Erklärung“ oder „Theorie“ hiess, hatte die französischen Chemiker und Physiker zu ihren grossen Entdeckungen geführt. Diese Art von „Theorie“ oder „Erklärung“ war in Deutschland so gut wie unbekannt, denn man verstand darunter nicht etwas „Erfahrenes“, sondern immer etwas, was der Mensch dazu thun müsse und mache.

Der französische Vortrag hat schon durch die Sprache in der Behandlung wissenschaftlicher Gegenstände eine in anderen Sprachen sehr schwer erreichbare logische Klarheit, wozu noch bei Thenard und Gay-Lussac eine Meisterschaft in der experimentalen Beweisführung kam. Die Vorlesung bestand in einer verständig geordneten Aufeinanderfolge von Phänomenen, d. h. von Versuchen, deren Zusammenhang durch die mündliche Erklärung ergänzt wurde. Für mich waren die Versuche ein wahrer Genuss, denn sie redeten zu mir in einer Sprache, die ich verstand, und sie bewirkten mit dem Vortrage, dass die Masse von formlosen Thatsachen, die ungeordnet und regellos in meinem Kopfe durcheinander lagen, einen bestimmten Zusammenhang bekamen; die antiphlogistische oder die französische Chemie hatte zwar die Geschichte der Chemie vor Lavoisier unter die Guillotine gebracht, aber man merkte, dass das Fallbeil nur ihren Schatten getroffen hatte; ich war mit den Werken der Phlogistiker, von Cavendish, Watt, Priestley, Kirwan, Black, Scheele, Bergmann weit mehr, als mit den antiphlogistischen vertraut, und was in den Pariser Vorträgen in den Thatsachen als neu und wie ohne Anfang dargestellt wurde, erschien mir in der engsten Beziehung zu vorangegangenen Thatsachen, so zwar, dass, wenn die letzteren hinweg gedacht wurden, die andern nicht sein konnten.

Ich erkannte, oder richtiger vielleicht, es dämmerte in mir das Bewusstsein, dass nicht allein zwischen zweien oder dreien, sondern zwischen allen chemischen Erscheinungen in dem Mineral-, Pflanzen- und Thierreich ein gesetzlicher Zusammenhang bestehe; dass keine allein stand, sondern immer verkettet mit einer andern, diese wieder mit einer andern und so fort alle mit einander verbunden, und dass das Entstehen und Vergehen der Dinge eine Wellenbewegung in einem Kreislauf sei.

Was in den französischen Vorträgen am meisten auf mich wirkte, war die innere Wahrheit derselben und die sorgfältige Vermeidung alles Scheines in den Erklärungen; es war der vollständige Gegensatz der deutschen Vorträge, in welchen durch das Ueberwiegen des deductiven Verfahrens die ganze wissenschaftliche Lehre ihre feste Zimmerung verloren hatte.

Ein zufälliges Ereigniss lenkte die Aufmerksamkeit A. v. Humboldt's in Paris auf mich, und das Interesse, was er an mir nahm, veranlasste Gay-Lussac, eine von mir begonnene Arbeit gemeinschaftlich mit mir zu vollenden.

In dieser Weise wurde mir das Glück zu Theil, mit diesem grossen Naturforscher in den innigsten Verkehr zu kommen; er arbeitete mit mir, wie er früher mit Thenard zusammen gearbeitet hatte, und ich kann wohl sagen, dass in seinem Laboratorium im Arsenal der Grund zu allen meinen späteren Arbeiten und meiner ganzen Richtung gelegt wurde. Ich kam nach Deutschland zurück, wo durch die Schüler von Berzelius, H. Rose, Mitscherlich, Magnus und Wöhler in der unorganischen Chemie bereits ein grosser Umschwung begonnen hatte, und getragen durch die warme Empfehlung v. Humboldt's wurde mir eine ausserordentliche Professur der Chemie in Giessen in meinem einundzwanzigsten Jahre übertragen. Im Mai 1824 begann meine Laufbahn in Giessen.

Ich denke stets mit Freude an die achtundzwanzig Jahre zurück, die ich dort verlebte; es war wie eine höhere Fügung, die mich an die kleine Universität führte. An einer grossen Universität oder an einem grössern Orte wären meine Kräfte zerrissen und zersplittert, und die Erreichung des Zieles, nach dem ich strebte, sehr viel schwieriger, vielleicht unmöglich geworden; aber in Giessen concentrirte sich Alles in der Arbeit, und diese war ein leidenschaftliches Geniessen.

Das Bedürfniss eines Instituts, in welchem sich der Schüler in der chemischen Kunst unterrichten konnte, worunter ich die Vertrautheit mit den chemischen Operationen der Analyse und Gewandtheit in dem Gebrauche der Apparate verstehe, lag damals in der Luft, und so kam es denn, dass mit der Eröffnung meines Laboratoriums für den Unterricht in der analytischen Chemie und den chemischen Untersuchungsmethoden mir nach und nach Schüler von allen Seiten zuströmten.

Die grösste Schwierigkeit hatte ich, als die Anzahl sich vermehrte, mit dem praktischen Unterricht selbst: um Viele auf einmal zu unterrichten, dazu gehörte ein geordneter Plan oder stufenweiser Weg, der erst ausgedacht und erprobt werden musste. Die Anleitungen, welche mehrere meiner Schüler später publicirten (Frfsenius und Will), enthalten im Wesentlichen den Gang, der in Giessen befolgt wurde, mit geringen Abweichungen; er ist jetzt beinahe in allen chemischen Laboratorien heimisch.

Die Darstellung von chemischen Präparaten war ein Gegenstand, dem ich ganz besondere Aufmerksamkeit zuwandte; sie ist sehr viel wichtiger, als man gewöhnlich glaubt, und man wird häufiger Männer finden, die sehr gute Analysen machen können, als solche, welche im Stande sind, auf die zweckmässigste Weise ein reines Präparat darzustellen. Die Darstellung eines Präparates ist eine Kunst und dabei eine qualitative Analyse, und es giebt gar keinen andern Weg, um sich mit den mannichfaltigen chemischen Eigenschaften eines Körpers bekannt zu machen, als wenn man denselben aus dem Rohmaterial zuerst darstellen und dann in seine zahlreichen Verbindungen überführen muss und diese damit kennen lernt. Durch die gewöhnliche Analyse erfährt man nicht, welch' ein wichtiges Scheidungsmittel in ihrer geschickten Handhabung die Krystallisation ist, ebenso wenig den Werth der Bekanntschaft mit den Eigenthümlichkeiten verschiedenartiger Lösungsmittel. Man denke sich nur einen Pflanzen- oder Fleisch-Extract, der ein halb Dutzend krystallinischer Körper in sehr geringer Menge, eingebettet in schmierige Materie, enthält, welche die Eigenschaften der anderen beinahe ganz verhüllt, und man soll nun in diesem Magma durch chemische Reactionen die Eigenthümlichkeiten jedes einzelnen Körpers in der gemengten Masse kennen und unterscheiden lernen wollen, was Zersetzungsproduct ist und was nicht, um sie nachher mit Mitteln, welche keinen zersetzenden Einfluss ausüben, scheiden zu können. Von der grossen Schwierigkeit, den rechten Weg in solchen Untersuchungen zu finden, giebt die Analyse der Galle von Berzelius ein Beispiel ab; von all' den zahlreichen Stoffen, die er als Bestandtheile derselben beschrieben hat, ist eigentlich keiner in der natürlichen Galle enthalten gewesen.

Eine ausserordentlich kurze Zeit hatte den berühmten Schülern des schwedischen Meisters genügt, der Mineral-Analyse, welche auf der genauen Kenntniss der Eigenschaften der unorganischen Körper beruht, einen bewundernswürdigen Grad von Vollkommenheit zu geben, ihre Verbindungen und ihr gegenseitiges Verhalten wurden durch die schwedische Schule mit einer bis dahin ganz ungewöhnlichen und jetzt noch unübertroffenen Schärfe nach allen Richtungen studirt. Die physikalische Chemie, welche die gesetzlichen Beziehungen der physikalischen Eigenschaften zu der chemischen Zusammensetzung untersucht, hatte durch die Entdeckungen Gay-Lussac's und v. Humboldt's über die Verbindungsverhältnisse der Körper im Gaszustand und von Mitscherlich über die Beziehungen der Krystallgestalt zur chemischen Zusammensetzung bereits einen festen Boden gewonnen, und in den chemischen Proportionen schien das Gebäude seine Spitze erhalten zu haben und vollendet dazustehen.

Alles, was das Ausland in der vorangegangenen Zeit an Entdeckungen erworben hatte, brachte jetzt auch in Deutschland reiche Früchte.

Eine organische Chemie, oder was man heute so nennt, bestand damals noch nicht; Thenard und Gay-Lussac, Berzelius, Prout, Döbereiner hatten zwar den Grund zu der organischen Analyse bereits gelegt, allein selbst die grossen Untersuchungen von Chevreul über die fetten Körper erregten viele Jahre hindurch nur geringe Aufmerksamkeit. Die unorganische Chemie nahm noch allzuviele und zwar die besten Kräfte in Anspruch.

Meine in Paris gewonnene Richtung war eine andere; durch die Arbeit, welche Gay-Lussac mit mir über das Knallsilber gemacht hatte, wurde ich mit der organischen Analyse vertraut, und ich sah sehr bald, dass aller Fortschritt in der organischen Chemie wesentlich von ihrer Vereinfachung abhängig sei; denn man hat es in ihrem Gebiete nicht mit verschiedenartigen Elementen, die sich in ihren Eigenthümlichkeiten erkennen lassen, sondern immer mit denselben Elementen zu thun, deren Verhältniss und Anordnung die Eigenschaften der organischen Verbindungen bestimmt. Was in der unorganischen Chemie eine Reaction war, musste in der organischen eine Analyse sein.

Die ersten Jahre meiner Lautbahn in Giessen verwendete ich beinahe ausschliesslich auf die Verbesserung der Methoden der organischen Analyse, und mit den ersten Erfolgen begann jetzt an dieser kleinen Universität eine Thätigkeit, wie sie die Welt noch nie gesehen.

Für die Lösung unzähliger Fragen, die sich an die Pflanzen und Thiere knüpfen, an ihre Bestandtheile und an die Vorgänge ihrer Umwandlung in den Organismen, führte ein gütiges Geschick in Giessen die talentvollsten jungen Männer aus allen Ländern Europa's zusammen, und man kann sich denken, welch' eine Fülle von Thatsachen und Erfahrungen durch so viele Tausende von Experimenten und Analysen an mich kam, welche jährlich und viele Jahre lang von zwanzig und mehr unermüdlich thätigen und geschickten jungen Chemikern ausgeführt wurden.

Ein eigentlicher Unterricht im Laboratorium, den geübte Assistenten besorgten, bestand nur für die Anfänger; meine speciellen Schüler lernten nur im Verhältniss, als sie mitbrachten, ich gab die Aufgaben und überwachte die Ausführung; wie die Radien eines Kreises hatten alle ihren gemeinschaftlichen Mittelpunkt. Eine eigentliche Anleitung gab es nicht; ich empfing von jedem Einzelnen jeden Morgen einen Bericht über das, was er am vorhergehenden Tage gethan hatte sowie seine Ansichten über das, was er vorhatte; ich stimmte bei oder machte meine Einwendungen, Jeder war genöthigt, seinen eigenen Weg selbst zu suchen. In dem Zusammenleben und steten Verkehr miteinander, und indem Jeder theilnahm an den Arbeiten Aller, lernte Jeder von dem Andern. Im Winter gab ich wöchentlich zwei Mal eine Art von Uebersicht über die wichtigsten Fragen des Tages. Es war zum grossen Theil ein Bericht über meine und ihre eigenen Arbeiten in Verbindung gebracht mit den Untersuchungen anderer Chemiker.

Wir arbeiteten, wenn der Tag begann, bis zur sinkenden Nacht, Zerstreuungen und Vergnügungen gab es in Giessen nicht. Die einzigen Klagen, die sich stets wiederholten, waren die des Dieners (Aubel), welcher am Abend, wenn er reinigen sollte, die Arbeitenden nicht aus dem Laboratorium bringen konnte. Die Erinnerung an ihren Aufenthalt in Giessen ererweckt, wie ich häufig hörte, bei den meisten meiner Schüler das wohlthuende Gefühl der Befriedigung über eine wohl angewendete Zeit.

Ich hatte das hohe Glück, dass vom Anfange meiner Laufbahn in Giesssen an gleiche Neigungen und gleiches Streben einen Freund mir gewannen, mit dem mich jetzt noch nach so vielen Jahren die engsten Bande der wärmsten Zuneigung verknüpfen. Während bei mir die Neigung vorwaltete, die Aehnlichkeiten in dem Verhalten der Körper oder ihrer Verbindungen aufzusuchen, besass er ein unvergleichliches Wahrnehmungsvermögen für ihre Verschiedenheiten; eine Schärfe der Beobachtung vereinigte sich in ihm mit einer künstlerischen Geschicklichkeit und einer Genialität in der Auffindung neuer Mittel und Wege der Untersuchung oder Analyse, wie sie wenige Menschen besitzen.

Man hat oft die Vollendung unserer gemeinschaftlichen Arbeiten über die Harnsäure und das Bittermandelöl gepriesen;

es ist dies sein Werk. Ich kann den Vortheil nicht hoch genug anschlagen, den mir in der Erreichung meiner und unserer gemeinschaftlichen Ziele die Verbindung mit Wöhler brachte; denn in ihr verknüpften sich die Eigenthümlichkeiten zweier Schulen, und das Gute, das jede für sich hatte, kam durch das Zusammenwirken zur Geltung. Neidlos und ohne Eifersucht, Hand in Hand verfolgten wir unsern Weg; wenn der Eine Hülfe brauchte, war der Andere bereit. Man wird eine Vorstellung von diesem Verhältnisse gewinnen, wenn ich erwähne, dass viele unserer kleineren Arbeiten, die unseren Namen tragen, von Einem allein sind; es waren reizende kleine Geschenke, die einer dem Anderen machte.

Nach sechzehn Jahren der angestrengtesten Thätigkeit stellte ich die gewonnenen Resultate, soweit sie die Pflanze und das Thier betrafen, in meiner Chemie, angewandt auf Agricultur und Physiologie, zwei Jahre darauf in meiner Thierchemie, und die in anderen Richtungen gemachten Untersuchungen in meinen chemischen Briefen zusammen. Die letzteren wurden in der Regel als eine Populärschrift aufgenommen, was sie für den, welcher den Inhalt etwas näher ansieht, eigentlich nicht sind, oder damals, als sie erschienen, nicht waren.

Nicht in den Thatsachen, wohl aber in den Anschauungen der organischen Vorgänge wurden manche Fehler begangen; wir waren aber die ersten Pioniere in dem unbekannten Gebiete, und die Schwierigkeiten, den rechten Weg einzuhalten, waren nicht immer unüberwindlich. Jetzt, wo die Wege der Untersuchung gebahnt sind, hat man es einen guten Theil leichter; aber alle die wundervollen Entdeckungen, welche die neuere Zeit geboren hat, waren damals unsere Träume, deren Verwirklichung wir sicher und zweifellos entgegensahen.

Druck von Metzger & Wittig in Leipzig.